# TEORÍA DE LA EVOLUCIÓN DARWINIANA: UNA HIPÓTESIS EN RECESO

**Fernando Ruiz Rey**

# TEORÍA DE LA EVOLUCIÓN DARWINIANA: UNA HIPÓTESIS EN RECESO

Por Fernando Ruiz Rey
Médico psiquiatra. Raleigh, NC. USA

Este trabajo ha sido previamente publicado en psiquiatria.com en la Revista de Psiquiatría:

"Teoría de la Evolución darwiniana." Vol. 12, No 3 (2008):
http://www.psiquiatria.com/revistas/index.php/psiquiatriacom/issue/view/77/

Reproducido con permiso del autor y de psiquiatria.com (27/11/2013).

ISBN-13: 978-0615957609 (OIACDI)
ISBN-10: 0615957609

Fecha de publicación: Enero 20, 2014
Filosofía de Ciencia

Diseño de portada e interior: Mario A. Lopez/Cristian Aguirre

*Impreso y encuadernado en Estados Unidos de América.*

OIACDI

Organización Internacional para el avance científico del Diseño Inteligente

En memoria de mi hijo
Antonio Ruiz Múgica

# Agradecimientos

La publicación de un libro rara vez es un emprendimiento en solitario y por lo general reúne el interés y el esfuerzo de varios participantes que comparten el anhelo de alumbrar una obra en nuevos medios de difusión. En este sentido agradezco a Cristian Aguirre Del Pino y a Mario A. López, directores del sitio web de la OIACDI por la amable acogida que han tenido por mi interés en el movimiento del Diseño Inteligente, y por haber leído los trabajos que he publicado además de haberse interesado particularmente por esta serie de artículos sobre la Teoría de la Evolución.

Cristian y Mario me sugirieron que era importante difundir su contenido mediante un formato de libro asequible al público general. Su estímulo, esfuerzo y creatividad, han sido un aporte muy valioso para llevar a cabo este proyecto: Cristian como infatigable editor, y Mario como talentoso diseñador. Les doy mis agradecimientos más sinceros.

Debo agradecer también al portal de psiquiatría: 'Psiquiatria.com', por haber aceptado el trabajo "Teoría de la Evolución Darwiniana: Una hipótesis en receso" para publicarlo en su Revista de Psiquiatría en el año 2008, y por facilitar la difusión de este material a través de la OIACDI a un público más amplio que el que cubre este portal.

# INDICE

# NOTA PRELIMINAR

La teoría de la evolución darwiniana es un paradigma que goza de gran popularidad y se le considera, no como una teoría de cómo pudieron haberse constituido las especies, sino que como un hecho establecido, como la descripción de la verdad de la realidad misma de los seres vivos pasada en épocas geológicas. Cualquier crítica o duda de su validez es tachada como irracional, anticientífica y, aún como producto de un dogmatismo religioso retrógrado y antagónico a la época de la verdad científica y tecnológica que vivimos.

El paradigma evolucionario darwiniano influye amplios sectores de la cultura y de la actividad intelectual de la sociedad actual, incluso llega a impregnar al lenguaje cotidiano con respecto al origen de las características y habilidades del ser humano contemporáneo. Se habla y teoriza de la cultura como producto de la evolución, de la Psicología Evolucionaria e incluso de la Psiquiatría Evolucionaria como doctrinas que por fin van a aportar la base sólida y científica para comprender la conducta humana y el enfermar psíquico. Sin embargo en los últimos años se han levantado voces dentro del campo mismo de las ciencias biológicas, que señalan limitaciones en la teoría de la evolución darwiniana; estas críticas han sido recibidas con hostilidad y franco rechazo, y violencia por los defensores del paradigma en cuestión. El debate que se ha establecido entre defensores y disidentes, controversia que podemos más bien describir como una verdadera guerra campal a todo nivel –académico, periodístico y legal-, asombra y confunde a los profesionales no directamente envueltos en el campo biológico especializado.

Captar adecuadamente la raíz del problema con la teoría de la evolución darwiniana no resulta fácil para el público general, ni para muchos profesionales insuficientemente familiarizados con la materia. Esta dificultad se debe a elementos ideológicos polarizantes con que se presenta el tema, pero también, en muy buena medida, porque el darwinismo es una visión teórica compleja constituida por diferentes conceptos ensamblados para apoyarse mutuamente. La presentación de los problemas en la controversia acerca del darwinismo, no siempre son claros y adecuadamente centrados en la estructura fundamental de la teoría, ni en su propósito primario de explicar el origen de las especies. Para los profesionales de salud mental el conocer las limitaciones y aciertos de la teoría de la evolución darwiniana tiene sin duda relevancia. Esta teoría influye la interpretación de disciplinas colaterales y, primariamente, a la Psicología y Psiquiatría Evolucionaria. Es por tanto indicado intentar una somera revisión de la situación de la teoría de la evolución darwiniana en sus aplicaciones a la conducta del ser humano, y revisar el estado de la teoría frente a las crecientes críticas acerca de su capacidad explicativa del origen de las especies. Es claro que el tema es sumamente vasto y complejo, particularmente a nivel de los hallazgos contemporáneos de las ciencias biológicas, sin embargo pienso que es posible al menos, señalar los puntos controversiales y las debilidades más notorias de la teoría. Me permito compartir con los lectores el resultado de esta revisión, como una introducción al debate acerca de la validez de la teoría de la evolución iniciada por Charles Darwin. Esta obra comienza con el Darwinismo social. Se señala que este término se aplica a las doctrinas sociales que utilizan los conceptos de Darwin para su justificación biológica y científica, pero las ideas primarias de este tipo de ideología social tienen múltiples fuentes. Se menciona la influencia de Joseph Gobineau en el surgimiento de la idea de la supremacía del hombre blanco, particularmente el ario teutónico, y se revisan brevemente las contribuciones de Thomas Malthus, Herbert Spencer y Francis Galton al Darwinismo social. Se muestra que tanto Darwin, como el vigoroso promotor de las ideas darwinianas en el siglo XIX, Thomas Huxley, intentan separar la teoría de la evolución del movimiento ideológico del darwinismo social, destacando el impulso de simpatía de los animales sociales y del ser humano, que no es considerado en dicha ideología.

En el capítulo II se revisa con cierto detalle –dada su relevancia para el darwinismo- el surgimiento del instinto social en los animales y naturalmente en el ser humano, como lo presenta Darwin en su obra The Descent of Man. Se siguen los argumentos de Darwin para colocar al ser humano dentro del gran grupo de los seres orgánicos de la tierra, sin diferencias de clase entre ellos, sólo de grado de evolución, de acuerdo a la emergencia de variaciones hereditarias y selección natural. Se continúa con el desarrollo que hace el naturalista para mostrar que los atributos mentales no son excepción a la condición evolutiva del hombre, y entre estos impulsos que se van desplegando en su evolución, aparece el importante instinto social, ya evidente en muchos animales. Se continúa con la exposición de Darwin que intenta demostrar que la conciencia moral del hombre es un producto evolutivo de este instinto social primario y sus derivados (simpatía, cohesión social y conducta de servicio y de autosacrificio); Darwin piensa que gracias a la memoria, el hombre puede darse cuenta de haber obedecido una tendencia impulsiva intensa, pero fugaz, como por ejemplo, el hambre, en detrimento de la tendencia social que exige contención por consideración a los demás; Darwin está perfectamente consciente del conflicto que se presenta entre el instinto de sobrevivencia personal y los instintos sociales. Se muestra como Darwin intenta superar este conflicto, recurriendo a otro producto de la evolución: la razón. Para Darwin es la Razón la que hace posible la felicidad y la justicia en las comunidades humanas. Se señalan las dificultades que encuentra Darwin en desarrollar una tesis de la moral consistente con los principios básicos de su teoría de la evolución.

En el capítulo III sobre Sociobiología se revisa el Altruismo biológico (conducta animal de servicio a los demás con detrimento del propio interés), la Selección de parientes (conducta animal de servicio a los más cercanos: los parientes) y el Altruismo recíproco (conductas de servicio mutuo entre organismos de una misma especie y de diferentes especies). Se señala el cambio de beneficiario de la selección natural, particularmente en la Selección de parientes; no ya los individuos, sino más bien el grupo, y más profundamente, una carga genética específica. Se revisan los conceptos de 'replicador', 'vehículo', 'interactor' y 'beneficiario' en relación a la selección natural; se presenta el problema de los 'genes egoístas' propuesta por Richard Dawkins y las implicaciones éticas de esta concepción evolucionaria.

La Evolución cultural se trata en el capítulo IV de esta obra. Se señalan las enormes dificultades teóricas y metodológicas de la Teoría de la evolución cultural dual: combinación de la transmisión de rasgos culturales con disposiciones genéticas, en explicar en forma clara, sencilla y consistente el desarrollo de la cultura, en consonancia con la selección natural. También se revisa la Teoría memética de Richard Dawkins, la caracterización que hace el autor de las entidades culturales: memes, que funcionan en forma análoga a los genes. Se señalan las dificultades en la definición y operación de los memes, su equívoca relación con la estructura cerebral, y la imposibilidad de concebirlos independientes de un agente pensante.

El capítulo V está dedicado a la Psicología evolucionaria. Se revisa la noción fundamental de este acercamiento teórico a la psicología, el concepto de módulo cognitivo. Se revisan las características propuestas para esta noción, una estructura con funcionamiento de tipo computacional para la resolución de problemas específicos de adaptación, generados en las etapas primordiales de la evolución humana, y que persisten en el hombre actual como una naturaleza mental evolucionaria. Se señala la tendencia a un razonamiento circular en la formulación de las conductas y módulos supuestamente adaptativos en el periodo geológico del Pleistoceno, y se indica la imprecisión en la diferenciación e interacción de los distintos niveles involucrados en el mecanismo básico de la teoría: conducta, módulo, circuito neurológico y nivel genético. Se señala la dificultad filosófica de identificar mente con software y cerebro con hardware.

En el capítulo VI dedicado a la Psiquiatría evolucionaria se presenta y comenta la proposición de Jerome Wakefield para definir los desórdenes mentales desde una perspectiva evolucionaria. Se analiza el núcleo conceptual propuesto para utilizar en las definiciones: 'función natural alterada'. Se señalan las dificultades en precisar los conceptos de función y órgano o mecanismo mental que genera dicha función en el terreno de la patología psiquiátrica. Se indican los problemas conceptuales generados por la noción de 'función natural' en lo referente a su relación con la conducta manifiesta, con el órgano o mecanismo que la genera y con el nivel genético. Se presentan también las perspectivas evolucionarias de la psicopatología, particularmente de la esquizofrenia y de la depresión, señalando las dificultades que la aproximación evolucionaria enfrenta al intentar dar cuenta de la psicopatología de una manera consistente y satisfactoria.

En el capítulo VII sobre la Meta de la evolución, se analizan los supuestos básicos de la doctrina darwiniana, señalando que el supuesto de las variaciones capaces de generar estructuras funcionales, implica una cierta teleología en el proceso que se postula como totalmente sin propósito y ciego. Se señala la teleología en todas las operaciones biológicas que el darwinismo considera como aparente, para reducir los procesos vitales a una simple combinación de leyes naturales y azar. Se señala que el reduccionismo darwiniano condena el conocimiento a constituir una vana ilusión, ventajosa para el potencial reproductivo, con lo que la veracidad de la teoría –de toda teoría—queda desvirtuada.

Las tres tesis fundamentales que conforman la teoría de la evolución darwiniana comienzan a revisarse en el capítulo VIII. Este capítulo se centra en la tesis de la evolución y en la tesis colateral del ancestro común. Se revisa la situación de los fósiles, de los aportes de la biología molecular y de la tesis del Evo-devo; se señalan los sugerentes hallazgos, pero se indican las limitaciones como pruebas empíricas irrefutables. Se revisan los conceptos de micro y macro evolución, fundamentales en la delimitación del poder explicativo de la teoría de la evolución darwiniana.

En el capítulo IX se analiza la tesis de la Selección natural, se señala que este proceso es presentado por Darwin como resultado inevitable de las condiciones ambientales que le toca enfrentar a todo organismo, y con un carácter que obliga a los seres vivos, especialmente en tiempos de escasez, a una lucha perenne por la existencia; se indican las consecuencias que esta situación crea para justificar la conducta social. Se continúa con la tesis de las variaciones/mutaciones, se comentan las dificultades del gradualismo en la herencia de las variaciones propuestas por Darwin, y se esboza una historia: del advenimiento de la genética con la herencia en base a unidades discretas y del surgimiento del neodarwinismo y posteriormente de la Teoría sintética de la evolución. Se analizan brevemente algunas características de las mutaciones genéticas en relación a la teoría de la evolución darwiniana.

El tema de las mutaciones concluye en el capítulo X, revisando el análisis presentado por Michael Behe en su libro The Edge of Evolution (1). Se reseña la situación genética de la resistencia a drogas del Plasmodium falciparum microorganismo causante de la malaria, presentando el estudio de Behe de las mutaciones que ocurren en la interacción de esta bacteria y el hombre. Se presentan las conclusiones del autor acerca de las posibilidades de ocurrencia de mutaciones dobles simultáneas --que se observan en el Plasmodium en el desarrollo de resistencia al antibiótico cloroquina--, en los organismos superiores; mutaciones dobles o más numerosas, simultáneas son necesarias para la formación de sistemas biológicos complejos. Se hace también una reseña de las posibilidades de mutaciones simples sucesivas en la generación de estructuras funcionales complejas e integradas analizadas por Behe. Se presenta el límite de las posibilidades de la evolución darwiniana de acuerdo a los análisis del autor.

El último capítulo XI es un comentario final con respecto a la teoría de la evolución darwiniana. Se comentan las dificultades en el abandono o modificación del paradigma darwiniano, y se señalan las implicaciones ideológicas que contribuyen a esta dificultad. Se indican las limitaciones del conocimiento positivo y el contacto de la ciencia con la fe.

Estoy perfectamente consciente que la amplitud de los temas tocados en esta serie de capítulos es muy amplia y de gran complejidad. Sin embargo, me atrevo a presentar estos trabajos, producto del interés personal por conocer un poco mejor la problemática presentada por la teoría de la evolución darwiniana y sus aplicaciones al comportamiento humano, sólo como una introducción a este tema de tan candente actualidad y con tan importantes proyecciones. Confío que los lectores sabrán comprender y excusar las limitaciones de la tarea que he emprendido, para aceptar los elementos positivos que pueda aportar.

**Bibliografía:**

1. Behe, Michael J (2007). The Edge of Evolution. Free Press. New York London Toronto Sydney.

Capítulo I

# DARWINISMO SOCIAL

La Teoría de la Evolución propuesta por el biólogo inglés Charles Darwin (1802-1882) en el siglo XIX, coloca al ser humano en la cúspide de la escala natural de los seres vivos. El hombre es una especie más dentro del reino animal, su corporalidad, sus habilidades y su racionalidad han emergido en la naturaleza del mismo modo como se han generado todos los seres orgánicos, esto es, como producto de variaciones, algunas adquiridas, otras espontáneas, ambas heredables y apoyadas o elegidas por la selección natural al posibilitar un mejor ajuste al medio de los individuos, asegurando así su reproducción, propagación y cambio. (1. 2)

Los teóricos sociales de fines del siglo XIX y comienzos del siglo XX aplicaron la dinámica de la teoría de la evolución de Darwin a los procesos sociales - políticos y económicos; estos intelectuales concibieron la sociedad como un proceso evolutivo, y fieles a las nociones de competencia y selección natural de la evolución darwiniana, sostuvieron que los poderosos en la sociedad son innatamente mejores dotados que los débiles, y su éxito social es prueba de esta superioridad. La aplicación de estas nociones del darwinismo al hombre individual, a las naciones, a las razas y a las ideas, genera, o contribuye significativamente al desarrollo de una atmósfera ideológica donde germina la eugenesia, el racismo y el abuso de los poderosos; en suma, presenta un cuadro selvático de la vida de las naciones y de la vida humana. Esta visión de la sociedad se conoce como darwinismo social. Pero, esta perspectiva de entendimiento de la dinámica social no constituye un cuerpo uniforme de teoría sociológica, se trata más bien de un grupo de tendencias teóricas diversas que comparten una inspiración darwiniana cuya aplicación social y política varía ampliamente en extensión y vigor. Los principios de la teoría de la evolución presentada por Darwin se van a invocar para asentar en la biología y en la ciencia las tesis sociales presentadas. La expresión 'darwinismo social', es usada más frecuentemente por los críticos de este movimiento intelectual, que por sus propiciadores. (3)

La expresión 'darwinismo social' se hizo popular en 1944 con la publicación de la obra del historiador americano Richard Hofstadter, Social Darwinism in American Thought; pero la diversidad de ideas que involucra este término, y su aplicación a la política social, tiene una larga y compleja historia. No obstante, el darwinismo social se asocia primariamente a Thomas Malthus (1766-1834), Herbert Spencer (1820-1903) y Francis Galton (1822-1911) del siglo XIX cuando estas ideas toman impulso y notoriedad.

**Fuentes del darwinismo social**

Numerosas son las fuentes de influencia en la heterogénea tesis del darwinismo social, cuyo argumento central es la idea que los sobrevivientes y exitosos en la sociedad lo son por un proceso natural y, los muertos, los derrotados y los empobrecidos lo son también por deficiencias naturales. La idea de la superioridad del hombre blanco no era foránea en la Europa del siglo XIX. Ya desde el Renacimiento se dio preferencia estética al rubio de ojos azules y piel clara; posteriormente con el progreso de las naciones del norte de Europa se capitalizó en lo anterior para argumentar a favor de su primacía. (4;2) La idea de la superioridad de la raza blanca era bastante generalizada en ese siglo en algunos sectores de Europa, y también en América; así por ejemplo, Benjamín

Franklin favoreció la inmigración a los EEUU de los europeos más claros del norte, y los exitosos industriales de esa nación – hombres de extracción europea (por ejemplo: James J. Hill [magnate del ferrocarril] y John D. Rockefeller [magnate del petróleo]]) - pensaban que sus procedimientos de producción, comercialización, y su éxito económico-social, eran confirmados por los conceptos de la ciencia evolutiva que afirma el predominio y el triunfo del más evolucionado y del mejor dotado. (5:107) Incluso intelectuales de renombre compartían este tipo de ideas, así por ejemplo Arthur Schopenhauer (1851) sostenía que la civilizaciones y las clases gobernantes de muchos pueblos eran predominantemente blancas; escribe este filósofo:"Todo esto es debido a que la necesidad es la madre de la invención, porque aquellas tribus que emigraron tempranamente al norte, y allí gradualmente se volvieron blancos, tuvieron que desarrollar todos sus poderes intelectuales e inventaron y perfeccionaron todas las artes en su lucha con la necesidad, insuficiencia y miseria, que en muchas formas eran producidas por el clima. Esto tuvieron que hacerlo para compensar la mezquindad de la naturaleza y de esto surgió su alta civilización." (6, citado ref.4)

## Joseph Arthur Gobineau

Especialmente influyente en la idea de la superioridad del hombre blanco fue el aristócrata y diplomático francés Joseph Arthur de Gobineau que intentó desarrollar en Essay on the Inequality of Human Races (1853-1855), una ciencia de la historia, explicando el surgimiento y caída de las civilizaciones en términos raciales. Para este aristócrata, la raza superior era el hombre blanco, particularmente los Arios del grupo teutónico; según este autor fueron estas tribus las que invadieron Europa conquistando los pueblos inferiores y estableciendo la clase aristocrática del continente. Gobineau no veía la mezcla de razas en forma negativa, siempre que fuera limitada, para suplir algunas deficiencias de los Arios, pero temía que este límite se perdiera y se produjera la destrucción de la civilización. (7;1)

## Thomas Malthus

El economista político Thomas Malthus publicó en 1798: An Essay on the Principle of Population expresando sus ideas acerca de la relación existente entre el crecimiento de la población y el crecimiento inferior de la producción de alimentos, una relación que tiende a producir miseria y pobreza, y, que sirven a su vez, para balancear esta relación inestable e interminable. Esta concepción de la desproporción de crecimiento entre población y medios de subsistencia influyó decisivamente en Darwin para formular la idea de la selección natural (y también en Alfred Wallace (1823-1913) coautor de este concepto (2)). Pero también Malthus contribuyó a la ideología del darwinismo social más directamente; siendo fiel a su concepción, anticipó la crítica negativa de la caridad, propia del darwinismo social, que caracteriza la caridad como una práctica que acentúa los problemas de la sociedad al preservar elementos derrotados por la dinámica social.

## Herbert Spencer

El filósofo inglés Herbert Spencer del siglo XIX, se considera como particularmente ligado al movimiento del darwinismo social. Este pensador desarrolló una visión global de la evolución comprendiendo lo físico y lo mental, antes de la aparición de The Origen of Species de Darwin en 1859. Spencer pensaba que todo en el mundo, incluyendo la cultura, el lenguaje y la moralidad, puede ser sometido a una simple ley universal fundamental que él identificó con la transmutación constante de todo lo existente, un principio de evolución a la que están sometidas todas las leyes naturales. La ciencia que estudia estas leyes naturales, puede sólo conocer el comportamiento de la realidad dada, que es la sucesión de fenómenos; la ciencia es un estudio de lo relativo, porque no puede coger la realidad absoluta y trascendente de la cual depende la realidad dada de los fenómenos cambiantes en evolución. Esta realidad absoluta, está más allá de la posibilidad del conocimiento humano, es una fuerza cognitivamente inconcebible en concreto. La concepción filosófica de este pensador intenta unificar la verdad científica en torno a la evolución que engloba todas las leyes naturales (objeto de la ciencia), por lo que la denomina filosofía sintética; la filosofía estudia esta síntesis evolutiva. Para Spencer, tanto el conocimiento científico como el conocimiento filosófico son conocimientos positivos que no se refieren a nada trascendente, sino a lo dado en evolución permanente que constituye la ley universal, la ley de la evolución. Esta evolución es el paso de lo indiferenciado y homogéneo a la complejidad heterogénea, integrada y coherente.

En sus primeros años Spencer utilizó la palabra 'progreso', pero posteriormente la remplazó por 'evolución', un término que consideró menos antropomórfico. (9:156-7) Inicialmente Spencer consideró la evolución como inevitable y necesaria hasta alcanzar una perfección, sin embargo, en First Principles en 1862, señala que la evolución, como proceso de transmutación universal, no envuelve necesariamente progreso, sino que éste se da dependiendo de ciertas condiciones, de modo que si estas condiciones no se mantienen se produce una 'disolución', un proceso en reverso. Spencer postula entonces, la evolución (progresiva) y la disolución, presentes simultáneamente en la naturaleza; lo observable es el producto de ambas. Pero también el filósofo incluye el 'equilibrio' que es el estado hacia el cual camina la evolución; el estado de balance de todas las fuerzas a que las cosas (partes) están sometidas. (9:159-160) La evolución no es nunca lineal hacia un progreso inapelable y seguro, sino divergente y re-divergente, con la posibilidad de disolución en el proceso constante de cambio, con la única condición básica de conservación de energía.

Para Spencer, si la evolución alcanzara la perfección significaría su fin y la desaparición de la conciencia humana cuya finalidad es la adaptación en el proceso del evolucionar en dependencia de lo circundante. (10:3354-3355) En Spencer lo espiritual es la parte interna de la realidad y también sometida a la evolución; su cambio es dependiente de lo externo. En biología esta adaptación genera la diversificación de los seres vivos que refleja el paso de lo homogéneo a lo heterogéneo; a este nivel se produce el contacto con la teoría darwiniana. Spencer acuña la frase, 'survival of the fittest' -'supervivencia del más dotado'- para describir la selección natural de la teoría de la evolución de Darwin; Spencer escribe: "Esta sobrevivencia del más dotado, que yo he tratado aquí de expresar en términos mecánicos, es lo que el Sr. Darwin ha llamado 'selección natural', o la preservación de las razas favorecidas en la lucha por la vida." (11;I:444, citado en 12). Darwin usó esta frase en la 5a edición de The Origen of Species en 1869, y reconoce a Spencer como su autor. Aunque Darwin, y Wallace, consideraron esta expresión como adecuada, la mayoría de los biólogos actuales prefiere los términos originales de Darwin, 'selección natural', considerándola más descriptiva de la teoría, por tanto más científica, y no tautológica como la frase de Spencer. En biología moderna se usa la palabra 'fitness' (bien dotado) para connotar medidas de éxito reproductivo relacionadas a características fenotípicas que aumentan la sobrevivencia y la reproducción. (12)

En Spencer la psicología, la sociología y la ética están igualmente sometidas al mismo proceso de evolución que caracteriza al universo en su totalidad, el paso de lo homogéneo a lo heterogéneo y complejo. A nivel biológico, psicológico y social este transitar se gesta mediante la selección natural fijándose los cambios con la herencia de los rasgos adquiridos. Spencer concebía la sociedad como un organismo, un 'organismo social'; cuyas estructuras están en interdependencia funcional. El progreso social sólo puede ocurrir, según Spencer, por el ejercicio libre de las facultades humanas, porque es (son) el individuo (individuos) la unidad (unidades) que desarrolla (n) este progreso. El individuo, o individuos, reaccionan (emocional y cognitivamente) a los intereses e ideas de otros y van realizando la evolución social; este individuo, o individuos, desarrollan sus sentimientos e ideas de las condiciones sociales, de la cultura en que viven. (9:174)

El tipo de sociedad depende del tipo de seres humanos que la constituyen, de sus propiedades orgánicas; distintos grupos raciales tienen diferentes posibilidades culturales, según la naturaleza de sus unidades constituyentes, pero esta naturaleza no es fija, puede evolucionar (no es el final de una rama evolutiva); Spencer escribe:"El hombre, como las criaturas inferiores, es capaz de cambio indefinido." (13:I:vi.). Este cambio del hombre es posible dependiendo de las condiciones que lo rodean (materiales, morales, sociales), y una vez establecido, se hereda de generación en generación. La variación de la naturaleza humana modifica el carácter del hombre, con lo que se modifican sus reacciones al medio, a la sociedad que encuentra; de este modo se produce la dinámica del cambio evolutivo social. En los años posteriores Spencer, sin dejar de lado la necesidad de cambio de naturaleza del hombre, enfatiza los factores culturales en la evolución social; pero para comprender lo social se debe comprender lo psicológico que depende de la biología de cada ser humano.(9:177) Con esta visión del hombre y de la cultura, enraizada en la biología, Spencer sostiene diferencias raciales de carácter biológico como condicionantes de la cultura de los distintos grupos humanos; escribe el pensador acerca de las mezclas raciales:"Algunos hechos parecen mostrar que la mezcla de razas humanas muy disimilares, produce un tipo de mente inútil, una mente incapaz de encajar en la clase de vida que lleva la más alta de las dos razas, ni en la que lleva la más baja, una mente desajustada a todas las condiciones de vida." (14;I:369, citado en ref. 9)

Si a la concepción spenceriana del individuo y de la sociedad, se le suma la dinámica del éxito del mejor dotado, no sorprende que el movimiento del darwinismo social le haya tomado como apoyo del racismo, del individualismo y de la limitación máxima del control gubernamental, para una desenfrenada y descarnada libre empresa. Una cita de los tempranos escritos de Spencer por el darwinista Ruse ilustra esta situación:"Estos hombres irreflexivos pero bien intencionados, ciegos al hecho de que bajo el orden natural de las cosas, la sociedad está constantemente eliminando los miembros enfermos, imbéciles, torpes, vacilantes, sin fe, proponen una interferencia [acción gubernamental de protección al desvalido, y en general regulación estatal], que no sólo detiene el proceso purificador, sino que aún aumenta su descomposición – estimula absolutamente la multiplicación del imprudente e incompetente, ofreciéndoles constantes provisiones, y desanima la multiplicación del competente y previsor, aumentando la difícil perspectiva de mantener un matrimonio." (15:323-4, citado en ref. 16:171) (Spencer no se oponía a las acciones caritativas particulares) La concepción evolutiva de Spencer es diferente de la teoría de la evolución propuesta por Darwin, el filósofo presenta una idea universal de evolución, en cambio Darwin se limita al plano biológico. Spencer adscribe a una herencia de rasgos adquiridos, en cambio Darwin sólo la acepta parcialmente. Spencer acepta una meta de progreso, aunque no necesaria e ineludible, en Darwin en cambio la evolución es ciega y casual, aunque trabaja con la adaptación al medio que podría interpretarse como con propósito. Por otro lado, las áreas de coincidencia entre ambos son significativas, fundamentalmente en el uso de la selección natural -aunque Spencer con menos consistencia y rigor que Darwin-, y la concepción evolutiva de los seres orgánicos, incluyendo las facultades mentales del hombre. Ambos hicieron contribuciones importantes a la ciencia de su tiempo, y las ideas de ambos fueron utilizadas por el llamado darwinismo social para fines no previstos por los autores. (17)

## Francis Galton (eugenesia)

La situación de Francis Galton es diferente, en el sentido que siendo primo de Charles Darwin tuvieron influencias mutuas. Galton, un hombre de muchos intereses, se impresionó profundamente con las ideas expresadas por su primo en The Origen of Species, al punto que dedicó su vida a investigar con ahínco y creatividad la herencia de las variaciones de rasgos físicos (fisonómicos, impresiones digitales) y rasgos mentales (inteligencia, aptitudes e intereses) de los seres humanos; para estos fines desarrolló una rica metodología que incluía cuestionarios, encuestas, pruebas psicológicas, estudios con mellizos y niños adoptados para discernir lo proveniente de la naturaleza de lo aprendido durante la crianza (nature vs. nurture, frase acuñada por él); e ideó el uso de nuevas técnicas estadísticas. El método historiográfico usado en su obra Hereditary genius (1869) se considera el primer ejemplo de historiometría; sus estudios con mellizos (diferencias entre mono y dicigotos) anticiparon las investigaciones modernas de genética de la conducta; y sus estudios sobre la inteligencia y rasgos de personalidad, inicia el estudio científico de estas dimensiones, y la psicología diferencial (18). Como producto de sus investigaciones concluye -en coincidencia con Darwin- afirmando que así como se heredan los rasgos físicos, así también se heredan las cualidades y defectos mentales, tanto el talento como la idiocia. Interesado en mejorar la herencia de los seres humanos aboga por el aumento de la reproducción de los intelectualmente mejor dotados, y acuña en 1883 (Inquiries in Human Faculty and its Development) el término eugenesia para esta tarea. Galton insiste que es conveniente un cambio de la moral social para hacer de la herencia una decisión consciente para evitar la sobre-reproducción de los menos dotados y la baja reproducción de los más aptos. De acuerdo a esta visión sostuvo que los principios de la eugenesia debían: "ser inculcados en la conciencia nacional como una nueva religión" (citado en referencia:19). Sin embargo, Galton enfatizó fundamentalmente la eugenesia positiva, esto es, el estímulo para la mayor reproducción de los más aptos, aunque también escribió sobre la restricción de los matrimonios de los menos dotados (eugenesia negativa). Darwin en este sentido prefirió la selección natural a la selección artificial: eugenesia propuesta por su primo, y rechazó esta medida de control evolutivo.

## Ernest Haeckel

La idea de mejorar la sociedad mediante la selección de los progenitores, junto a los resultados de las evaluaciones valorativas de las capacidades mentales de los individuos y grupos, generó una atmósfera muy propicia para el desarrollo de las ideas racistas ya prevalentes durante el siglo XIX en la Europa más blanca. (20) Así por ejemplo, el más famoso darwinista alemán de su tiempo, médico y biólogo, Ernest Haeckel, propone en 1870 en su libro The Natural History of Creation que los niños defectuosos fueran eliminados al nacer, y con la publicación de Riddle of the Universe en 1889, populariza la idea de higiene racial. Este científico alemán fue un entusiasta evolucionista, aunque no aceptó la selección natural, sino más bien una herencia lamarckiana; descubrió y nombró numerosas nuevas especies, pero sus trabajos contienen muchas especulaciones no confirmadas, lo que le ha restado credibilidad científica a sus aportes. Las ideas evolucionistas y políticas de Haeckel –la política la consideraba como biología aplicada-, tuvieron influencia en muchos promotores que desarrollaron e impulsaron la ideología nazi. En el siglo XX la eugenesia (esterilización forzada) se practicó en numerosos países entre los que se encuentran los EEUU, las naciones escandinavas, Gran Bretaña y otros, alcanzando un extremo grotesco y perverso con la hegemonía del nazismo. En la actualidad, después de unos años de receso como reacción a las atrocidades nazis, comienza nuevamente a hablarse de élla. (21)

## Darwinismo social en el siglo XX

La historia de la superioridad del hombre blanco reforzadas por las ideas evolutivas fundamentalmente darwinianas, continúa en el siglo XIX y la primera parte del siglo XX con la contribución de intelectuales, biólogos y genetistas de distintas naciones; naturalmente con predominio de los países del norte de Europa. Es relevante mencionar a los científicos alemanes: Ewin Baur, Eugen Fisher y Fritz Lenz, que publicaron sus trabajos en Human Heredity (1931) (4), insistiendo en la superioridad innata de la raza nórdica, y adaptaron los argumentos de Schopenhauer y otros, a la teoría darwiniana, señalando que en los parajes inhóspitos del norte europeo, la selección natural habría seleccionado las características de la superioridad de esa gente. Las consecuencias de estas especulaciones alcanzaron más tarde nefasta expresión en el plano político-social con el régimen Nazi. La tesis de la superioridad del hombre blanco pierde luego fuerza para casi desaparecer ante las desastrosas consecuencias de la política que amparó la soberbia y los prejuicios en la teoría de la evolución, y con los estudios antropológicos metodológicamente rigurosos realizados en la segunda mitad del siglo XX que mostraron la falsedad de las especulaciones acerca de la particular grandeza del hombre blanco. Pero no es el propósito de este capítulo rastrear el desarrollo de las ideas racistas, sino que sólo señalar algunos puntos, y su conexión con la teoría de la evolución darwiniana.

El darwinismo social encontró en los principios de la evolución (tanto la evolución darwiniana como la spenceriana) justificación para sus ideas de predominio del hombre blanco y de la superioridad genética de los poderosos. La ramificación de las especies de la tesis de Darwin, producto de variaciones y de la selección natural, explicaba bien –según los adherentes al darwinismo social- la diversificación de las razas, y justificaba con argumentos biológicos la supremacía de los blancos y de los que ostentaban el éxito económico, político y social. Muchas de las abusivas prácticas económicas y la estratificación social prevalentes en los países industrializados a fines del siglo XIX y comienzo del siglo XX eran excusadas con la ideología del darwinismo social; se permitía el laissez-faire de un capitalismo conservador, el imperialismo y el colonialismo en nombre de la evolución natural del hombre. (5. 22)

**Darwin y el darwinismo social**

No se puede en rigor considerar a Darwin totalmente responsable de las consecuencias político-sociales del darwinismo social (y del nazismo), puesto que este es un movimiento que, como hemos visto, se nutre de distintas fuentes, ideologías y prejuicios, y además, muy importantemente, Darwin elabora la situación evolutiva del hombre agregando, como veremos más adelante, el desarrollo de instintos que modulan y controlan la salvaje selección natural. Sin embargo, es claro que los conceptos centrales de la teoría de la evolución darwiniana, la sobrevivencia de los individuos (y grupos) gracias a la ocurrencia de variaciones beneficiosas, sancionadas por la selección natural en una competencia y lucha incesante –aunque acentuada en momentos de vicisitudes adversas-, dio la base, y justificación, biológica y científica a las heterogéneas tesis del darwinismo social. Este apoyo de la biología a las teorías sociales en el siglo XIX fue incluso reconocido por Karl Mark (no un darwinista social, pero sí también de orientación materialista), en una carta escrita a su amigo Ferdinand Lassalle afirma:"El trabajo de Darwin es muy importante y viene bien a mi propósito, ya que provee una base en la ciencia natural a la histórica lucha de clases...A pesar de todos los defectos, es aquí que por primera vez, la 'teleología' en ciencia natural recibe no sólo un golpe mortal, sino que su significado es explicado empíricamente." (Citado ref. 23;8)

Thomas Huxley, conocido como el "Darwin's Bulldog" por su activa e incisiva promoción de la teoría de la evolución de Darwin durante la segunda mitad del siglo XIX, en su obra Prolegomena (1894) intenta desvincular la teoría evolutiva de Darwin de la interpretación estrecha de la evolución realizada por el movimiento del darwinismo social. Huxley argumenta siguiendo de cerca a Darwin que el darwinismo social omite importantes aspectos de la teoría evolutiva: el desarrollo de las emociones de imitación y de simpatía que posibilitan la emergencia de la conciencia moral y del proceso ético del desarrollo de las sociedades. Huxley reconoce sin embargo, que la lucha por la sobrevivencia de la selección natural elimina al más débil y al menos dotado para la adaptación al medio ambiente, y también reconoce que los hombres – al contrario que las abejas de colmena -- poseen "el deseo innato de gozar los placeres y escapar de los dolores de la vida; y en breve, de no hacer más que lo que les place hacer, sin ninguna referencia al bienestar de la sociedad en la que han nacido."..."...esta tendencia innata a la autoafirmación fue la condición para la victoria [en tiempos ancestrales del hombre] en la lucha por la existencia." (24;X:9) Huxley, siguiendo las enseñanzas de Darwin, explica que esta autoafirmación del hombre es limitada por la emergencia de los sentimientos de simpatía, de los lazos familiares y el temor al juicio de los demás; sólo de este modo es posible la vida en comunidad; escribe Huxley:"Cada paso hacia el progreso social lleva a los hombres a relaciones más estrechas con sus compañeros, y aumenta la importancia de los placeres y dolores derivados de la simpatía". (24;X:9) Este autor concluye que la selección propuesta por el darwinismo social, esto es:"...la selección directa, como la practica el horticultor y el ganadero, no ha jugado, ni puede jugar ningún papel importante en la evolución de la sociedad...porque no veo como esa tal selección pueda ser practicada [en la comunidad] sin debilitarla seriamente, puede causar la destrucción de los lazos que la mantienen." (24;XII:11) Sin las emociones de simpatía que no consulta el darwinismo social, no hay desarrollo de la conciencia moral, ni límites para la conducta humana; sólo queda la lucha por la sobrevivencia como en la selva natural o la selección artificial realizada por el horticultor y el ganadero que eliminan a los individuos más débiles o inconvenientes para sus propósitos. El proceso ético es el que suaviza la violencia de la evolución para hacer posible el desarrollo de la vida social.

En el tiempo presente se debate la influencia de la teoría de la evolución en el desarrollo y virulencia del nazismo (ideología enraizada en múltiples fuentes), aunque la opinión de los especialistas parece inclinarse a que efectivamente la selección natural darwiniana, en cuanto postula el éxito del más fuerte y la sumisión del más débil, favoreció y respaldó esta ideología; del mismo modo sucede con el darwinismo social, aunque como hemos visto este movimiento tomó una perspectiva estrecha de la concepción evolutiva de Darwin. Entre los críticos del darwinismo social tenemos a Weikart que cita de Mein Kampf de Hitler: "[mi filosofía] de ningún modo cree en la igualdad racial, sino que reconoce sus diferencias, sus mejores y peores valores, y con este conocimiento se siente obligada, de acuerdo a la voluntad eterna que gobierna el universo, a promover la victoria del mejor." (25) Para Weikart, Hitler recurre a la ciencia darwiniana para justificar sus ideas racistas. (26)

Por otro lado, los adherentes a la evolución darwiniana rechazan categóricamente la participación de las ideas de Darwin en el movimiento del darwinismo social. Así por ejemplo, el American Museum of Natural History (27) en su sitio oficial en la Red, defiende a Darwin señalando que las ideas del "Darwinismo social" padecen de una falla fundamental: "Usan una teoría puramente científica para un propósito totalmente no científico." Señalan que Darwin, un hombre "apasionadamente opuesto a la injusticia y opresión", se alejó de este movimiento y se hubiera consternado al ver su nombre asociado a… "ideologías opuestas, desde el marxismo al capitalismo desenfrenado, desde políticas de limpieza étnica a esterilización forzada. Sea porque acostumbren a racionalizar la desigualdad social, el racismo o la eugenesia, las teorías así llamadas darwinismo social, son una grotesca interpretación de las ideas inicialmente descritas en Origin of Species y aplicadas en la biología moderna."

En defensa del naturalista inglés algunos historiadores han señalado que con la publicación The Descent of Man (1871), Darwin intenta alejarse del movimiento del darwinismo social, presentando el instinto de simpatía con el que contrarresta el instinto primario de sobrevivencia de los individuos. De este modo, con la emergencia del instinto de simpatía y cohesión comunitaria, el naturalista intenta mitigar la ciega y cruel lucha por la existencia cimentada en la supervivencia del mejor dotado para la adaptación al ambiente y su reproducción. Una teoría de la evolución que intente dar cuenta del hombre en su totalidad, basada exclusivamente en la ocurrencia de variaciones y selección natural (física y mental), conduce ineludiblemente a las aberraciones del darwinismo social; en otras palabras, la teoría de la evolución es incapaz de dar una explicación coherente y satisfactoria a la realidad del fenómeno humano, si no se incluye en la tesis un elemento que suavice la ley de la selva de la selección natural. La consideración del instinto de simpatía es esencial para separar la teoría de la evolución como la presenta Darwin, del darwinismo social que ignora o minimiza dicho instinto. En la sección siguiente de esta serie sobre la evolución darwiniana, revisaremos con algún detalle cómo trata Darwin este fundamental instinto de simpatía.

## Bibliografía

1. American Museum of Natural History: Darwin: Evolution today. http://www.amnh.org/exhibitions/darwin/evolution/

2. Ruiz R, Fernando (2005). Teoría de la evolución: ciencia e ideología. Revista Psiquiatria.com/

http://www.psiquiatria.com/psiquiatria/revista/152/

3. Wikipedia. Social Darwinism.

http://en.wikipedia.org/wiki/Social_Darwinism/

4. Wikipedia. Nordic theory. http://en.wikipedia.org/wiki/Nordicism/

5. West, John G. (2007). Darwin Day in America. ISI Books

6. Schopenhauer, Arthur (1851). Parerga and Paralipomena, Vol.2, Section 92

7. Answers.com. Compte de Gobineau.

http://www.answers.com/topic/arthur-de-gobineau

8. The Victorian Web. Thomas Robert Malthus.

http://www.victorianwrb.org/malthus.html/

9. Carneiro, Robert L (1981). Herbert Spencer as an Anthropologist. The Journal of Libertarian Studies. Vol. V, No. 2

Http://www.mises.org/journals/jls/5_2/5-2-2.pdf/

10. Ferrater Mora, José (2004). Diccionario de Filosofía. Nueva edición actualizada: José-María Terricabras. Editorial Ariel. Barcelona

11. Spencer, Herbert (1864). Principles of Biology.

12. Wikipedia. Survival of the fittest.

http://en.wikipedia.org/wiki/Survival_of_the_fittest/

13. Spencer, Herbert. The Principles of Ethics. 2 vol. New York: The Appleton and Co. (1904)

14. Spencer, Herbert. Comparative Psychology of Man. En: Essays: Scientific, Political & Speculative. London: Williams & Norgate, 1891

15. Spencer, Herbert (1851). Social Statics; or the Conditions Essential to Human Happiness Specified and the First of Them Developed. London: J. Chapman.

16. Ruse, Michael (2000). Can a Darwinian Be a Christian? Cambridge. University Press.

17. Wikipedia. Herbert Spencer.
http://www.wikipedia.org/wiki/Herbert_Spencer/

18. Wikipedia. Francis Galton
http://en.wikipedia.org/wiki/Francis_Galton/

19. Weikart, Richard (2002). Father of Eugenics: Notorius today as the founding father of eugenics, Francis Galton was honored as one of the one leading scientists of his day.. Christianity Today, May 1 st. 2002

http://www.discovery.org/swcdripts/viewDB/index.php?command=view&id=1573&program

20. Indiana University (2007). Francis Galton.

http://www.indiana.edu/~intell/galton.shtml/

21. Wikipedia. Ernst Haeckel.

http://www.wikipedia.org/wiki/Ernst_Haeckel/

22. Constitutional Rights Foundation. Social Darwinism and American Laissez-faire Capitalism.

http://www.crf-usa.org/bria/bria19_2b.htm/

23. Wikipedia. Social effect of evolutionary theory.

http://en.wikipedia.org/wiki/Social_implications_of_the_theory_of_e
volution/

24. Huxley, Thomas (1894). Evolution and Ethics – Prolegomena.

http://aleph0.clarku.edu/huxley/CE9/E-EProl.html/

25. Weikart, Richard (2004). Does Darwinism devalue human life?. The
Human Life Review 30, 2 (Spring 2004): 29-37.

http://www.discovery.org/scripts/viewDB/index.php?command=vi
ew&id=2172&program

26. Weikart, Richard (2004). Senior fellow Richard Weikart responds to
Sander Gliboff.

http://www.discovery.org/scripts/viewDB/index.php?command=vi
ew&id=2247

27. American Museum of Natural History: Darwin: Evolution today:
Social Darwinism. Misusing Darwin's Theory.

http://www.amnh.org/exhibitions/darwin/evolution/darwinism.ph
p

Nota: Las traducciones del inglés han sido hechas por el autor.

Capítulo II

# INSTINTO SOCIAL EN DARWIN

**El hombre miembro de la comunidad de los seres orgánicos.**

En The Descent of Man (1) publicado en 1871, Charles Darwin señala que los estudios comparativos de homologías de estructuras corporales en distintos vertebrados -incluido el hombre-, y el desarrollo embriológico que muestra –según el autor- etapas iniciales indistinguibles en distintos animales (hombres, perros, focas, murciélagos, reptiles, etc.) constituyen una prueba clara que el ser humano pertenece y comparte un origen común con el resto de los mamíferos.

Para Darwin las facultades mentales tampoco son exclusivas del hombre, estas facultades también se encuentran en los animales inferiores. Estos animales "...como el hombre sienten placer y dolor, felicidad y miseria." (1:39), como se puede apreciar en los perros y gatos jóvenes e, incluso en los insectos que juegan juntos. Los animales imitan, atienden, aprenden y memorizan y, según Darwin, se pueden formar hábitos que al repetirse se heredan y se hacen instintivos en los animales inferiores. En los animales también se pueden observar elementos de imaginación mental como cuando se contempla a un perro soñando, y cierta capacidad de razonar y de discernir como se evidencia en el aprendizaje, incluso de animales inferiores. Escribe el naturalista: "Como el hombre posee los mismos sentidos que los animales inferiores, sus intuiciones fundamentales deben ser las mismas." (1:36) "...no hay diferencia fundamental entre el hombre y los mamíferos superiores en sus facultades mentales." (1:35)

Pero claro, hay mucha distancia entre los indicios de poder mental observados en los animales inferiores y el hombre: "... pero este inmenso intervalo –explica Darwin- se llena con innumerables gradaciones." (1:35) [evolución gradual]

**Aparición y evolución del lenguaje.**

Tampoco el lenguaje es para el biólogo un fenómeno exclusivo del hombre, los animales se comunican con sonidos, gestos y conductas, pero el lenguaje articulado es peculiar del hombre, aunque Darwin aclara: "No es el mero poder de articulación lo que distingue al hombre de otros animales, ya que todos saben que los loros pueden hablar; sino que es su gran poder de conectar sonidos precisos con ideas precisas, y esto obviamente depende del desarrollo de las facultades mentales." (1:54) El poder mental es para el naturalista, producto de la creciente organización del cerebro y de su uso; Darwin escribe a este respecto que en los pueblos civilizados se observa:"...gran aumento del tamaño del cerebro por mayor actividad intelectual". (1:247). Se debe tener presente que para el biólogo inglés, los hábitos largamente repetidos se hacen heredables en los animales inferiores y, también, muy probablemente, en los animales superiores y en el hombre.

La articulación de sonidos y de significados se logra en un proceso lento y gradual, al igual que el desarrollo de las especies; por lo que se puede constatar en diversos lenguajes humanos: "...asombrosas homologías debido a la comunidad de origen, y analogías debidas a un proceso de formación similar."

Los distintos lenguajes entonces, al igual que los seres orgánicos..."pueden ser clasificados o, naturalmente de acuerdo a su origen o, artificialmente por otros caracteres. Los lenguajes y dialectos dominantes se esparcen ampliamente y llevan a la extinción gradual de otras lenguas. La misma lengua nunca tiene dos lugares de nacimiento [cada lengua está indisolublemente ligada a su evolución].

Distintas lenguas pueden ser cruzadas o mezcladas. Vemos variabilidad en cada lengua, y nuevas palabras aparecen constantemente; pero como hay límite a los poderes de la memoria, palabras simples, como lenguas enteras, se extinguen gradualmente." (1:60) Darwin hace suya las palabras del filólogo alemán del siglo XIX, Max Müller: "Una lucha por la vida ocurre constantemente entre las palabras y formas gramaticales en todo lenguaje. Las mejores, las más cortas, las formas más fáciles ganan constantemente la preeminencia, y deben su éxito a su virtud inherente." Darwin concluye:"La sobrevida o preservación de ciertas palabras favorecidas en la lucha por la existencia es selección natural." (1:60-61) Y, "la facultad de articular el habla en sí misma, no ofrece ninguna objeción insuperable a la creencia de que el hombre se ha desarrollado de alguna forma inferior." (1:62)

**Evolución de la mente humana.**

Para Darwin todas las facultades que se consideran propias del hombre como la auto-conciencia, la imaginación, el sentido de individualidad, la tendencia a imitar, el aprecio de la belleza, etc. se encuentran en un grado menos desarrollado en los animales, y para él, esto constituye una prueba más de que el ser humano es parte de los seres orgánicos y comparten una descendencia común. Según Darwin: "Tan pronto como las importantes facultades de imaginación, asombro, curiosidad, junto con algún poder de la razón, llegan a desarrollarse parcialmente, el hombre naturalmente habría deseado comprender lo que sucede a su alrededor, y vagamente especulado sobre su propia existencia." (1:65) De las imágenes propias de los sueños emerge la idea de 'espíritu', lo que al ser elaborado por las facultades mentales genera en la gente poco civilizada, las ideas religiosas como explicación del mundo,..."porque los salvajes no distinguen fácilmente entre impresiones subjetivas y objetivas.

Cuando un salvaje sueña las figuras que se le aparecen, cree que han venido de lejos y se le revelan." (1:66) Darwin sostiene que..." hasta que...las facultades de imaginación, curiosidad, razón, etc. se hayan desarrollado adecuadamente en la mente del hombre, sus sueños no lo hubieran llevado a creer en espíritus, no más que en el caso de un perro [que según el autor también sueña de manera similar]." (1:66) Son las facultades mentales superiores del hombre las que lo llevan a creer primero en espíritus invisibles, luego en el fetichismo, el politeísmo y finalmente en el monoteísmo; si los poderes mentales permanecen pobremente desarrollados el hombre desarrolla "varias supersticiones y costumbres extrañas" (1:68), como son los sacrificios humanos y las quemas de personas inocentes.

Darwin aclara:"Si se sostiene que ciertos poderes, como la auto-conciencia, abstracción, etc., son peculiares al hombre, puede muy bien ser que éstas son los resultados accidentales de otras facultades intelectuales altamente avanzadas; y estas nuevamente son principalmente el resultado del uso continuado del lenguaje altamente desarrollado." (1:105) Y Darwin agrega:"La mitad arte y la mitad instinto del lenguaje lleva el sello de su evolución gradual." (1:106)

El mundo del hombre regido por sus facultades mentales está conectado y emerge en el curso de la evolución de los seres orgánicos. Darwin señala claramente que la diferencia que se aprecia entre el hombre actual y los animales superiores como los monos antropomórficos, es sólo de grado, no de clase. Todas las facultades del ser humano, como ya hemos visto, se encuentran en alguna forma primaria en los predecesores del hombre y en muchos animales; el naturalista puntualiza:"Para que una criatura semejante al mono pueda transformarse en un hombre, es necesario que esta forma primaria, como también los muchos eslabones sucesivos, hayan variado en mente y en cuerpo." (1:107)

**Variaciones y evolución.**

En las variaciones sucesivas, heredables y cernidas por la selección natural yace el mecanismo de la evolución darwiniana. Darwin escribe:"Si se puede mostrar que en el hombre actual sus variaciones son inducidas por las mismas causas generales, y que obedecen las mismas leyes generales como es el caso de los animales inferiores, no hay duda que los eslabones precedentes variaron de una manera similar. Las variaciones en cada estado sucesivo deben también haber sido de algún modo acumuladas y fijadas." (1:107) Por cierto que Darwin encuentra numerosos ejemplos de variaciones físicas (forma y tamaño de cráneos, de dientes, curso de arterias, etc.) en los hombres actuales, y también variaciones mentales; así escribe:"Además de gustos y hábitos especiales, la inteligencia general, el coraje, el buen o mal humor, etc. son ciertamente transmitidos....[el] genio, que implica una maravillosa y compleja combinación de facultades superiores, tiende a ser heredada; y lo contrario, es igualmente cierto, la locura y el deterioro de los poderes mentales corre en las mismas familias." (1:111)

La variabilidad física y mental es un hecho evidente. Ahora esta variabilidad -afirma Darwin- "no sólo parece ser inducida en el hombre y en los animales inferiores por las mismas causas generales, sino que en ambos los mismos caracteres son afectados de una manera análoga muy cercana." (1:112) Y esta similitud se debe a que tanto los animales inferiores como el hombre, responden a las mismas leyes de cambio, válidas para todo el reino animal; "...y la mayoría de ellas, aún a las plantas." (1:113). Darwin estudió estas leyes de las cuales las más significativas son: Variaciones como consecuencia de cambio de circunstancias y condiciones, esta ley se muestra, de acuerdo al biólogo, "...por el cambio de la misma manera de todos o casi todos los individuos de una misma especie bajo las mismas circunstancias." (1:113) Y variaciones derivadas del uso o desuso de caracteres (físicos y mentales). Para Darwin no cabe duda"...que el cambio de condiciones induce una cantidad casi indefinida de variabilidad fluctuante, por la que la organización total se vuelve en cierto grado plástica." (1:114) Así el ambiente condiciona, estatura, color de piel, etc.; y el uso reiterado de algunos segmentos corporales los aumenta y el desuso los disminuye. Darwin piensa que estas modificaciones tal vez pudieran hacerse hereditarias "...si los mismos hábitos fueran seguidos por muchas generaciones, no se sabe, pero es probable." (1:117) (Lamarckismo en Darwin, muy frecuente en esta obra). Además de estas variaciones precipitadas por el medio y el uso/desuso, Darwin habla de las variaciones espontáneas. Las variaciones espontáneas juegan un papel muy importante en la evolución de los seres orgánicos, y se caracterizan porque no pueden ser atribuidas a ninguna causa evidente, y según Darwin, estas variaciones:"...sean diferencias menores individuales o desviaciones abruptas y marcadas de estructura, dependen más de la constitución del organismo que de las condiciones a las que ha sido sometido." (1:131)

**Selección natural.**

La selección natural es propia del proceso evolutivo y criba las variaciones, principalmente las 'espontáneas'; porque las variaciones que son inducidas por el ambiente se ha de suponer que son de partida adaptadas. Así explica Darwin: "Los primeros progenitores del hombre deben haber tendido, como todos los animales, a crecer más allá de los medios de subsistencia; por tanto deben haber sido ocasionalmente expuestos a la lucha por la existencia y, consecuentemente, a la rígida ley de la selección natural. Las variaciones beneficiosas de todo tipo deben haber sido preservadas, ocasional o habitualmente, y las perjudiciales eliminadas. No me refiero a las desviaciones de estructuras mayores que ocurren sólo en largos intervalos de tiempo, sino a las simples diferencias individuales." (1:136) La selección natural no sólo opera sobre las variaciones estructurales del ser humano, sino también en sus facultades metales:"El [hombre] debe claramente su inmensa superioridad a sus facultades intelectuales, a sus hábitos sociales que le llevan a defender a sus compañeros, y a su estructura corporal. La suprema importancia de estas características ha sido probado en el arbitraje final de la lucha por la vida." (1:136) Otra cita pertinente en este sentido:"Los primeros progenitores del hombre fueron sin duda inferiores en intelecto, y probablemente en disposición social, a los salvajes más bajos que existen; Pero es altamente concebible que ellos pudieran haber existido, o aún florecido, si, mientras perdían gradualmente sus poderes semejantes a los brutos, como subirse a los árboles, etc., avanzaban al mismo tiempo en intelecto"...."...la competencia entre tribu y tribu habría sido suficiente, bajo condiciones favorables, para levantar al hombre, a través de la sobrevivencia del más fuerte, combinado con los efectos del hábito, a la alta posición presente en la escala orgánica." (1:158) La exposición de Darwin es muy clara señalando el origen evolutivo del hombre, -tanto en lo físico como mental-, recalcando la importancia de la selección natural de las variaciones beneficiosas para su adaptación al medio.

**Instinto social.**

Darwin concuerda con otros autores en que el sentido o conciencia moral es la característica que más distingue al ser humano de los animales, y lo fundamenta en el instinto social que comparte con muchos de éstos. Según el naturalista, el instinto social..."lleva al animal a sentir placer en sociedad con sus semejantes, y realiza varios servicios para ellos. Estos servicios pueden ser de una naturaleza instintiva definitiva y evidente, o puede ser sólo un deseo o disposición, como en la mayoría de los animales sociales superiores, de ayudar a sus compañeros de un cierto modo general (ejemplos: centinelas, defensa, etc.)." (1:72) Este instinto de ayuda no se extiende a toda la especie a la que pertenece el animal, sino sólo a los asociados, a los más cercanos. Los instintos se obedecen, según el autor, por el placer que produce el realizarlos o, por la insatisfacción cuando se ven impedidos; también por temor como en el caso de ser atacados o, simplemente se realizan sin conexión a temor o placer, siguiendo "la mera fuerza de la herencia." (1:80) En todo caso, los instintos están sometidos a la selección natural, Darwin escribe: "Podemos percibir que si un instinto es más beneficioso a una especie que otro, u opuesto, se volverá más potente por la selección natural". (1:81)

Los sentimientos de amor o tendencia a asociarse y los sentimientos de simpatía (vibrar emocionalmente por otros) son dos aspectos distintos del instinto social; también se pueden observar las tendencias asociadas de fidelidad al grupo y obediencia al líder. En cuanto al origen del sentimiento de simpatía Darwin admite que es incierto,..."pero por complejo que sea su origen, como es de gran importancia para todos aquellos animales que se ayudan y defienden mutuamente, habría aumentado por selección natural; porque aquellas comunidades que incluyen el mayor número de miembros con más simpatía, habrían florecido mejor y criado el mayor número de retoños." (1:82) Ambas vertientes del instinto social están reguladas por la selección natural, como todos los caracteres básicos de los animales y del hombre.

El hombre es un ser social, pero los instintos sociales, como en los animales, nunca se extienden a todos los individuos de la misma especie, se limitan al grupo de pertenencia. Aunque el ser humano actual –de acuerdo a Darwin- tiene pocos instintos:"...habiendo perdido los que sus primeros progenitores pueden haber poseído, no hay razón de por qué no hubiera retenido de un periodo muy remoto un cierto grado de instintos de amor y simpatía por sus congéneres." (1:85) (Por los del propio grupo). Del mismo modo habría heredado la tendencia a ser fiel y a defender a los demás "...de cualquier modo que no interfiera grandemente con su propio bienestar o sus propios intensos deseos." (1:85) Es importante notar aquí como Darwin reconoce la limitación de los instintos sociales frente a los fuertes y primarios instintos de autoafirmación y de bienestar personal.

Darwin piensa que en el instinto social, el placer derivado del asociarse..."es probablemente una extensión de los afectos parenteral y filial; y esta extensión puede ser en gran parte atribuida a la selección natural..." (1:80), puesto que los animales que se asocian tienen más ventajas ante los peligros que los solitarios. De modo similar..."el origen de los afectos parenteral y filial, que aparentemente yacen en la base de los afectos sociales, no vale la pena especular [de su origen]; pero podemos inferir que se han ganado en gran parte por selección natural." (1:80 81) Sin embargo..."ha sido casi totalmente cierto [la selección natural] con el sentimiento inusual y opuesto, de odio en las relaciones más cercanas, como en las abejas obreras que matan a sus hermanos zánganos, y con las abejas reinas que matan a sus hijas reinas; el deseo de destruir en vez de amar a sus relaciones cercanas por servicio a la comunidad." (1:81) Esto es, según Darwin, tanto la simpatía como el infanticidio están regulados por la selección natural; la unidad seleccionada en estos casos es el grupo, no el individuo.

Como hemos ya notado, Darwin es explícito afirmando que las facultades mentales sufren variaciones, tienden a ser heredables y están sometidas a la selección natural: "Por tanto –escribe- si fueron con anterioridad de tan alta importancia para el hombre primigenio y para sus progenitores semejantes al mono, ellas habrían avanzado mediante la selección natural"..."Podemos apreciar en la sociedad en estado más rudimentario, los individuos que eran más sagaces, que inventaron y usaron las mejores armas y trampas, y que eran capaces de defenderse, tendrían el mayor número de vástagos. (1:159) Con el mayor número de individuos aumenta la posibilidad de nacimiento de miembros con capacidad mental superior. El biólogo también sostiene que de igual modo las cualidades sociales: "...fueron sin duda adquiridas por los progenitores del hombre de una manera similar, esto es, mediante la selección natural, ayudada por el hábito heredado." (1:162) De acuerdo a Darwin, son estas cualidades sociales las que dan coherencia a la comunidad:"Gente egoísta y beligerante no cohesiona, y sin coherencia nada puede ser efectivo. Una tribu que posea estas cualidades en gran grado se esparcirá y será victoriosa sobre otras tribus.

(1:162) "No habría duda que una tribu que incluya muchos miembros que por poseer un alto espíritu de patriotismo, fidelidad o obediencia, coraje y simpatía, estén siempre dispuestos a ayudarse mutuamente y sacrificarse por el bien común, triunfarán sobre la mayoría de las otras tribus; y esto sería selección natural." (1:166) En este caso del instinto y conducta social la selección natural opera asegurando la adaptación y sobrevivencia del grupo, pero es importante tener claro que esta selección sobre el grupo no implica que la selección natural no elimine a los miembros menos aptos, a los que gravitan en contra de las mejores condiciones de competencia y de adaptación del grupo; la selección se hace eliminando a los que no poseen las cualidades necesarias para el mejor funcionamiento del grupo.

Para Darwin es muy importante el rol que juega la presión del grupo en el desarrollo del instinto social y sus derivados, y así estos instintos:..."son fuertemente determinadas por los deseos y juicios expresados por sus compañeros." (1:86) De acuerdo al biólogo el grupo expresa expectaciones para la conducta de los individuos. Pero se puede objetar esta tesis señalando que nadie en el grupo puede hablar en rigor por el bien genuino de la comunidad, sin estar afectado por los impulsos de autoafirmación y supervivencia, que son primarios en la existencia evolutiva del hombre.

**Conciencia moral.**

Darwin está en verdad consciente del conflicto que se presenta entre los sentimientos sociales positivos - en parte heredados pero principalmente provenientes de la presión del grupo- y las tendencias egoístas del individuo, cuando retóricamente formula las preguntas: "¿Por qué un hombre siente que tiene que obedecer un deseo instintivo en vez de otro" ¿Por qué lamenta amargamente si ha cedido al fuerte sentido de auto-preservación, y no ha arriesgado su vida para salvar a un compañero; o por qué lamenta haber robado comida cuando estaba intensamente hambriento?" (1:87)

Para encontrar respuesta a estos interrogantes, Darwin comienza explicando que aquellas acciones que se realizan casi sin pensar para salvar o ayudar a un vástago o miembro del grupo en peligro son debidas a un instinto social bien desarrollado. Estos actos no pueden llamarse en rigor morales por realizarse en forma impulsiva, sin mediar un momento reflexivo; aunque Darwin opina –en otro capítulo- que: "Además de amor y simpatía los animales exhiben otras cualidades que nosotros llamaríamos morales," (1:78). El ejemplo que presenta el biólogo es el de un perro que se abstiene de robar comida en ausencia de su amo. Se podría decir que para Darwin este tipo de conducta animal es protomoral, porque el biólogo piensa que: "Un ser moral es capaz de comparar sus acciones o motivos pasados y futuros, y de aprobarlos o desaprobarlos." (5.8 Pág. 88) Esta capacidad moral no puede atribuirse propiamente a los animales, pero sí al hombre que realiza estos actos..."deliberadamente después de una lucha con motivaciones opuestas, o por efecto de un hábito lentamente-ganado o, impulsivamente por un instinto." (1:89) O sea, para Darwin en la base de los actos morales se encuentra el instinto o el hábito, que, a su vez se ha iniciado en la ejecución repetida de un instinto; en este caso del instinto social. Pero como la fuerza de ejecución de los actos sociales es de ordinario más débil que los instintos de auto-preservación, hambre, venganza, lujuria, hambre, etc. El hombre cede ante ellos y lo lamenta, y siente que debe lamentarlo; esta es la conciencia moral. Darwin señala: "El hombre difiere profundamente a este respecto de los animales inferiores." (1:89)

La conciencia moral se desarrolla gracias al instinto social. Darwin sostiene que los sentimientos de amor y simpatía se encuentran presentes en forma permanente en los animales que viven en grupos,..."sin el estímulo de ninguna pasión o deseo especial.....son infelices si son separados de ellos, y siempre felices en su compañía. Y así sucede con los seres humanos. Un hombre que no posea trazos de estos sentimientos sería un monstruo no natural." (1:89) La presencia constante de estos sentimientos de amor y simpatía en el hombre permiten la aparición evolutiva de la conciencia moral. Esto es posible por el desarrollo del poder mental que permite que las imágenes de acciones pasadas se recuerden y se revisen en la mente; Darwin escribe: ..."como el hombre no puede impedir que las impresiones antiguas pasen constantemente por su mente, se verá forzado a comparar las impresiones débiles, como por ejemplo el hambre pasada, o la venganza satisfecha, o el peligro evitado a costa de otros hombres, con el instinto de simpatía y de buenos deseos para sus compañeros, que están siempre presentes y en cierto grado activos en su mente. Entonces sentirá en su imaginación que un instinto más fuerte [y persistente como el instinto social] ha cedido a otro que ahora parece comparativamente débil; y entonces sentirá inevitablemente ese sentimiento de insatisfacción, [sentimiento de frustración] con el que todo hombre está dotado, como cualquier otro animal, para que sus instintos sean obedecidos." (1:89) Con la frustración o insatisfacción generada al constatar que el importante instinto social ha cedido el paso a la satisfacción de otro que se presentó intensa, pero fugazmente, surge la conciencia. En este proceso dice Darwin: "El hombre se sentirá insatisfecho consigo mismo, y resolverá con más o menos fuerza actuar diferentemente en el futuro. Esta es la conciencia; porque la conciencia mira hacia atrás y juzga las acciones pasadas, induciendo esa especie de insatisfacción, que si débil llamamos lamentar y, si severa, remordimiento....Estas sensaciones [lamentar y remordimiento] –continúa Darwin- son sin duda diferentes a aquellas experimentadas cuando otros instintos o deseos no son satisfechos; puesto que cada instinto insatisfecho posee su propia sensación para la acción, como lo reconocemos con el hambre, la sed, etc." (1:91) Con esta conciencia –e insatisfacción- que se presenta en el hombre derivada de su instinto social frustrado, adquiere, mediante una repetición prolongada –hábito-, ..."un perfecto autocontrol [de modo que] sus deseos y pasiones cederán instantáneamente a sus simpatías sociales, sin más lucha entre ellos." (1:91) Este hábito de auto-control,..."el hábito de auto-control –piensa Darwin-, como los otros hábitos, puede ser heredado. Asi al fin el [hombre] llega a sentir, mediante el hábito adquirido, y quizás heredado, que es mejor para él, obedecer sus instintos más persistentes. El imperioso 'debería' [moral] parece implicar meramente la conciencia de la existencia de un instinto persistente....que sirve como guía, pero posible de desobedecer." (1:92) La respuesta a las preguntas retóricas que se hace Darwin, mencionadas más arriba, acerca del por qué se obedece un instinto más que otro, es el instinto social frustrado, que permite, gracias al desarrollo del poder mental, la emergencia de la conciencia y con ella, el autocontrol.

La aprobación o desaprobación del grupo refuerza el hábito de la conducta social. Si un hombre no tuviera simpatía para responder a las expectaciones de la comunidad, y no reprobara sus impulsos egoístas, "...entonces –dice Darwin- es esencialmente un mal hombre; y la única motivación limitadora que resta, es el temor al castigo, y la convicción de que a la larga será mejor para su propio interés egoísta considerar el bien de los demás más que el suyo propio." (1:92)

Para aquellos que creen en Dios o dioses, afirma el naturalista, se agrega el temor al castigo divino. El bien y el mal de las acciones para Darwin, están referidos al bien general del grupo, sancionadas por la regla clave de la evolución: la selección natural. Sin duda Darwin considera al instinto social primario lo suficientemente fuerte y persistente para generar la conciencia moral.

Pero esta posición dentro del contexto de la teoría regida por la selección natural, constituye un supuesto difícil de demostrar, ya que es frecuente observar en los pueblos primitivos –como el mismo Darwin lo documenta- conductas carentes de toda simpatía para miembros enfermos, envejecidos o considerados inservibles del grupo.

La conducta social se basa entonces para Darwin, fundamentalmente en el instinto de simpatía y el amor hacia los del grupo propio, reforzada por las expectaciones y normas de la comunidad. La conducta social, las virtudes, se dan en el contexto del grupo: fidelidad, coraje, veracidad, obediencia, etc. En los pueblos no 'civilizados' estas virtudes, explica Darwin, no se extienden a los ajenos o enemigos, a ellos se miente, se esclaviza, se tortura y mata. Incluso estos pueblos, como ya hemos mencionado y citado por Darwin, aún a algunos miembros del propio grupo los eliminan, como es el caso del infanticidio de niñas, o los tratan como "esclavos", como por ejemplo a las mujeres. Las acciones buenas y malas –según el biólogo- son "...consideradas por los salvajes, probablemente también por el hombre originario.... solamente aquellas que afectaban de manera obvia el bienestar de la tribu, no el de la especie, ni el del individuo particular. Esta conclusión concuerda bien con la creencia de que la así llamada moral es inicialmente derivada de los instintos sociales, porque ambos se relacionan primero exclusivamente con la comunidad." (1:97).

Tenemos aquí un conflicto, el 'objeto' que cierne la selección natural es el individuo cuando se obedecen los instintos de autopreservación, y el grupo cuando se siguen los instintos sociales; este conflicto –como veremos posteriormente--, conduce a cambios radicales en la concepción del 'objeto' de la selección natural.

**La razón y los sentimientos de simpatía.**

Pero para el hombre civilizado, continúa Darwin, la conducta del hombre salvaje es inaceptable, porque los pueblos primitivos limitan los sentimientos de simpatía a la tribu; tienen, según el autor:..."poderes insuficientes de la razón" (1:97) para reconocer otras virtudes que atañen a la persona, como son la castidad, la temperancia, etc., pero que inciden también en el bienestar de la comunidad; y porque no poseen auto control..."porque este poder, escribe Darwin- no se ha fortalecido mediante un hábito continuado -quizás heredado-, la instrucción y la religión." (1:97) Para reforzar los instintos sociales y la conciencia moral, Darwin agrega otro factor fundamental y decisivo: la Razón; la razón se va impartiendo por la educación. Curiosamente, Darwin también acepta aquí el papel de la religión, que anteriormente había desdeñado.

El bien de la comunidad, tanto de los animales como del hombre (los instintos siguen en ambos los mismos pasos en su desarrollo), hacia el cual están dirigidos los sentimientos de simpatía y amor, lo define Darwin del siguiente modo: "El término bien general [de la comunidad] puede definirse como el medio por el cual el mayor número posible de individuos es criado en pleno vigor y salud, contadas las facultades perfectas, bajo las condiciones que están expuestos." (1:98) La definición es biológica y sancionada positivamente por la selección natural; pero Darwin comenta curiosamente, que este bien general coincide con la "felicidad" de sus miembros.

Pero este bien general, y felicidad, no siempre lo logran las comunidades humanas; Darwin lo explica así: "El juicio de la comunidad será generalmente guiado por una burda experiencia de lo que es mejor a largo plazo para todos sus miembros; pero este juicio no es raro que yerre por ignorancia y por debilidad del poder de la razón. De aquí las más extrañas costumbres y supersticiones han llegado a ser todo poderosas a través del mundo." (1:99) (Darwin cita costumbres hindúes e islámicas) Para Darwin la razón asegura el camino hacia el bien y felicidad general.

Darwin expresa sorpresa al constatar la gran cantidad de creencias religiosas y supersticiones absurdas arraigadas firmemente en distintos grupos humanos alrededor del mundo. Del mismo modo se sorprende de ver otras diferencias, como el amor a la verdad, más desarrolladas en unas tribus que en otras. Para Darwin la clave que explica estas diferencias es el distinto grado del desarrollo de la razón; es el poder de la razón lo que permite el avance de la civilización:"De todas las facultades de la mente humana....la 'Razón' se encuentra en la cumbre." (1:46) Con el desarrollo de la razón:..."muchos instintos son fundamentalmente controlados por la razón, los más simples, como este de construir una plataforma [monos antropomórficos], puede pasar fácilmente a ser un acto voluntario y consciente." (1:53) Con el desarrollo de la razón se van a evitar las supersticiones y costumbres bárbaras; Darwin exclama: "...qué deuda infinita de gratitud debemos al mejoramiento de nuestra razón, a la ciencia, y a nuestro conocimiento acumulado." (1:68-69) Y agrega el naturalista a propósito de estas costumbres reprobables:"Esas consecuencias miserables e indirectas de nuestras facultades superiores pueden ser comparadas con los errores incidentales y ocasionales de los instintos de los animales inferiores." (1:69) Para Darwin, sólo con la razón se alcanza la civilización de los pueblos, con esta visión el naturalista se revela como un auténtico discípulo del pensamiento modernista (con explícitas referencias al pensamiento de Kant).

De acuerdo a la visión de Darwin, los instintos sociales para el bien de la comunidad de pertenencia que adquirieron los animales y el ser humano, van en el hombre a dar paso a una dimensión que amplía la referencia de las acciones buenas y malas más allá del grupo inmediato; los sentimientos de simpatía se van a extender más allá de aquellos ostentan el poder en la comunidad. Gracias a la razón y a los conocimientos acumulados, el hombre puede desechar las acciones banales y supersticiosas, y acrecentar el bienestar y felicidad de la comunidad. El racionalismo que muestra Darwin es evidente, la razón es la luz de la verdad evolutiva del hombre; la experiencia y la ciencia toda lo pueden.

Los instintos sociales así elaborados por el poder intelectual, tomarán fuerza por la instrucción, el hábito y con mucha probabilidad –según nuestro autor,- se fijarán por herencia. De este modo Darwin se siente optimista y escribe:"Mirando a las generaciones futuras, no hay causa para temer que los instintos sociales se debiliten, podemos esperar que los hábitos virtuosos se harán más vigorosos, llegando a ser quizás fijados por la herencia. En este caso, la lucha entre nuestros impulsos elevados y bajos será menos intensa, y la virtud triunfará." (1:104) Habría que señalar que si un hábito se vuelve hereditario se transforma en instintivo, de modo que, esa comunidad utópica que vislumbra Darwin sería como una colectividad de animales superiores guiados por instintos magníficos resultantes de la razón.

**Reglas morales.**

Darwin afirma:"...el hombre puede en general y fácilmente distinguir entre reglas morales elevadas y reglas morales bajas. Las elevadas están fundadas en los instintos sociales y se refieren al bienestar de los demás. Ellas están apoyadas por la aprobación de nuestros semejantes y por la razón." (1:100) Darwin piensa que con el desarrollo de la civilización – formación de comunidades mayores-- ,...."la más simple razón le dice a cada individuo que debe extender sus instintos sociales y simpatías a todos los miembros de la misma nación, aunque no los conozca personalmente. Una vez alcanzado este punto, sólo una barrera artificial permanece para impedir que sus simpatías se extiendan a los hombres de todas las naciones y razas." (1:100) (La barrera artificial se refiere a las diferencias de aspectos y costumbres con pueblos lejanos; barrera que se puede superar.) La razón como la presenta Darwin parece poder vencer la cautela frente al desconocido, y al enemigo hacerlo objeto de simpatía y amor. Es claro que esta visión optimista de la razón no corresponde a la experiencia cotidiana del mundo de los seres humanos, se trata más bien de un ideal, de un utopismo racionalista propio del modernismo; y teóricamente coloca a la razón en la difícil, más bien insostenible posición de neutralizar la fuerza de los instintos de autoafirmación y supervivencia sancionados positivamente por la selección natural.

La extensión de la simpatía a todos los hombres, a la humanidad entera, es una virtud que Darwin considera:"...una de las más nobles con la que está dotado el hombre, parece que aparece accidentalmente con nuestras simpatías haciéndose más tiernas más ampliamente difundidas, hasta que son extendidas a todos los seres sensibles [animales]. Tan pronto como la virtud es aceptada y practicada por unos pocos hombres se esparce, a través de la instrucción y el ejemplo, a los jóvenes, y eventualmente a través de la opinión pública." (1:101).

No se puede menos que comentar que Darwin muestra en este sentido un optimismo desmesurado e infundado; porque, ¿en virtud de qué causa se reblandecen las hostilidades hacia los afuerinos, competidores virtuales o activos por el espacio vital?:

¿La razón? Esto parece irracional desde el punto de vista evolutivo. ¿La selección natural? Esta simplemente eliminaría la candidez frente a la lucha por la existencia. El naturalista plantea una situación incompatible con la dinámica de su teoría de la evolución. Esto se hace claro cuando Darwin escribe:"El estado más alto en cultura moral que podemos alcanzar, es cuando reconocemos que debemos controlar nuestros pensamientos, y 'ni siquiera pensar nuevamente los pecados que hicieron del pasado tan agradable para nosotros'." (1:101) (Darwin cita a Tennyson, 'Idolls of the King, p. 244) De modo que la evolución gradual de las facultades, de acuerdo a Darwin:"...conduce naturalmente a la regla de oro [de la conducta humana]:'Como quieras que los otros hombres hagan contigo, hazles tú del mismo modo.'" (1:106) Resulta difícil, más bien conciliar esta máxima moral de Darwin con la selección natural, pilar fundamental de su teoría evolutiva.

**Dificultades de los sentimientos de sociales frente a la selección natural.**

¿Significa que el advenimiento de la 'regla de oro' termina con la evolución del ser humano? Esto es imposible de concebir si se acepta la mecánica evolutiva darwiniana como explicación de la realidad de los seres vivos. Darwin está perfectamente consciente de esta situación contradictoria, y recuerda que si en los criaderos de animales se preocuparan de cuidar a los débiles y les permitieran reproducirse sería en detrimento de la mejora de las razas que están intentando lograr. Los seres humanos lo hacen, ayudan a los necesitados, vacunan y permiten la propagación de los que de otro modo sucumbirían a la selección natural; Pero, escribe el biólogo:"La ayuda que nos sentimos impulsados a dar al desamparado es fundamentalmente un resultado fortuito del instinto de simpatía, que fue originariamente adquirido como parte de los instintos sociales, pero subsecuentemente vuelto......más tierno y ampliamente difundido. No podríamos frenar nuestra simpatía, si así lo urgiera la dura razón, sin deteriorar la parte más noble de nuestra naturaleza." (1:168-9) Darwin no explica cómo se justifica y se sostiene este enternecimiento de la simpatía, totalmente opuesto a la dinámica de su teoría: la selección natural del más apto para sobrevivir y reproducirse.

Darwin no puede abandonar el concepto clave de su tesis, y prosigue comentando, que la selección natural, que elimina al débil, continúa operando aún, en el seno de la civilización actual; así sucede con los desequilibrios de riqueza y poder que se generan en la sociedad moderna, pero señala que esta situación no constituye un mal total carente de aspectos beneficiosos; comenta y escribe el naturalista:"...porque sin la acumulación de capital, las artes no progresarían; y es gracias a la acumulación del poder [de los privilegiados] que las razas civilizadas se han extendido, y están ahora extendiendo por todos lados su rango, tomando el lugar de las razas inferiores." (1:169) La riqueza permite a los inteligentes el mejor trabajo intelectual del cual depende todo bienestar material. Darwin piensa que las grandes acumulaciones de riquezas son pocas y tienden a disiparse porque generan fácilmente zánganos despilfarradores. La selección natural opera a este nivel de la riqueza y del poder, aunque duro, no sin beneficios; La selección natural también tiende a poner coto a la primogenitura de los débiles. La selección natural está entonces, operando en el seno de la sociedad moderna favoreciendo a los individuos con mayor poder intelectual: "....sin dudas –escribe el biólogo- tendrán éxito en todas las ocupaciones y criaran un número mayor de niños." (1:171). Darwin está consciente, sin embargo, que clases inferiores producen más vástagos, pero piensa que hay frenos puestos por la selección natural a esta producción de las clases menos dotadas (enfermedades, desnutrición, etc.).

También Darwin ve a la selección natural operando a nivel de la moral misma. En la dura lucha por la sobrevida del mejor(es) constatamos que: "En cuanto a las cualidades morales, cierta eliminación de las peores disposiciones morales está siempre en progreso, aún en las naciones más civilizadas. Los malhechores son ejecutados o encarcelados por largos periodos, de modo que no pueden transmitir libremente sus malas cualidades. Personas melancólicas y locas son confinadas, o cometen suicidio. Hombres violentos y pendencieros llegan a un fin sangriento; [etc.]" (1:172). La selección natural opera –a juzgar por esta cita-naturalmente (por decirlo así), y a través de la acción elegida de los hombres: encarcelando y confinando los elementos inferiores de la comunidad. En este contexto Darwin comenta:"En la crianza de animales domésticos, la eliminación de los individuos, aunque en pequeño número, que son marcadamente inferiores, no es en modo alguno un elemento sin importancia para el éxito." (1:173) No es necesario señalar que este tipo de opiniones y comentarios de Darwin haya dado cabida -y justificación 'científica'- al darwinismo social con medidas políticas de segregación, abusos sociales y económicos, eutanasia y hasta eliminación física de las personas más débiles de la sociedad, incluyendo a los enfermos mentales. En este sentido también hay que señalar que Darwin en The Descent of Man comenta y afirma la presencia de variaciones físicas y mentales en los distintos grupos humanos, por lo que es fácil comprender que el darwinismo social haya tomado su teoría de la evolución para justificar sus ideas racistas.

Pero para Darwin la selección natural tiene un efecto disminuido en las sociedades civilizadas, gracias al desarrollo de los instintos sociales, que la limitan. Estos instintos frenan a la selección natural, y así, paradójicamente, la dinámica de la evolución toma un ritmo pausado con el desarrollo de la civilización, con el ejercicio de la razón; pero es imposible eliminar el efecto fundamental y primario de la selección natural, si se es consistente con la teoría propuesta. Es obvio que esta visión darwiniana no se ha hecho realidad, ni será posible que se haga, porque simplemente no existe una racionalidad única e inapelable, sino que la razón se pone al servicio de intereses diversos, y en último término –siendo fiel a la teoría evolutiva- la selección natural eliminará todo lo que no conduce a las mejores posibilidades de reproducción.

Darwin se empeña en que la acción de los instintos sociales y simpatía constituyen un freno a la cruda lucha por la existencia. Es difícil concebir, en fidelidad a la lógica de la evolución, la expansión de los instintos sociales y derivados más allá del círculo de los propios, y dentro de éstos, a los débiles y perdedores. Darwin en buenas cuentas se encuentra en un duro aprieto teórico al cual no ofrece solución satisfactoria y consistente.

Darwin reconoce la complejidad de la vida y evolución de las comunidades humanas, y concluye: "Es muy difícil decir, por qué una nación surge, se hace más poderosa, y se esparce más ampliamente que otra; o por qué la misma nación progresa más en un tiempo que en otro. Lo único que podemos decir es que depende del aumento actual de la población, del número de hombres poseedores de facultades intelectuales y morales elevadas, como de sus estándares de excelencia." (1:177) Nuevamente Darwin tiene que reconocer la fuerza de la selección natural con el éxito de los más capaces, no aceptando el antagonismo que surge con la moralidad 'elevada' que protege a los débiles.

A pesar de todos los comentarios que hace Darwin intentando mitigar la importancia de la selección natural, y otorgar peso al desarrollo del instinto social en modularla, la selección natural, continúa siendo fundamental para su teoría de la evolución, incluyendo la evolución del hombre; así escribe: "La selección natural sigue a la lucha por la existencia, y ésta, al rápido aumento de la tasa [de la población]. Es imposible no lamentar amargamente..... la tasa con que tiende a crecer el hombre; porque esto tiende en las tribus bárbaras, al infanticidio y muchos otros males, y en las naciones civilizadas a la pobreza abyecta, al celibato y a los matrimonios tardíos de los prudentes. Pero como el hombre padece de los mismos males físicos que los animales inferiores, no tiene derecho a esperar inmunidad de las malas consecuencias de la lucha por la existencia. Si no hubiera estado sujeto a la selección natural de seguro que nunca hubiera alcanzado el rango de madurez." (1:180) Darwin muestra aquí que la selección natural –en tiempos difíciles –como, habría que señalar, son la mayoría de los tiempos (el hombre nunca se siente plenamente ajustado a su ambiente, está siempre esperando mejorar su situación, no está nunca satisfecho con lo que tiene)-, sobrepasa en vigencia a los instintos sociales, y en forma peligrosa si consideramos que la lucha por la sobrevivencia del mejor dotado, puede conducir, como la historia lo ha mostrado repetidamente, a todo tipo de abusos, incluyendo prácticas de eliminación de grupos humanos por limpieza étnica o religiosa, y de individuos enfermos considerados inferiores y lastre social.

## Conclusión

En suma, el núcleo dinámico de la teoría de la evolución de Darwin lo constituye la combinación de la ocurrencia de variaciones y la selección natural que permite la persistencia de los cambios beneficiosos en relación al medio. El ser humano como miembro cumbre de la comunidad de seres vivos, no puede si no participar plenamente en esta dinámica de la evolución. En el hombre, se magnifican las dificultades de la teoría, ya notorias al tratar de explicar en base a instintos opuestos: instintos de auto-preservación e instintos sociales, y selección natural, la existencia evolutiva de animales sociales. En el ser humano la dimensión ética de su conducta voluntaria, complica tremendamente la situación, Darwin intenta solucionar las dificultades morales que engendra la lucha por la existencia, recurriendo al racionalismo de su época; el naturalista postula que la razón –producto evolutivo- apoya el desarrollo de los distintos aspectos del instinto social, modulando de este modo, la selección natural. Sin embargo, esta solución no está carente de serias dificultades, tanto porque la razón humana no es un instrumento definido y nítido, de evidencia universal, sino más bien la racionalidad del hombre depende de los supuestos desde los que opera, y se pone al servicio de diversos valores e intereses; como porque en el mismo Darwin, la razón propuesta trabaja en sentidos opuestos; por un lado apoya los instintos sociales hasta reblandecerlos y hacerlos extensivos a todo el mundo; y, por otro, la razón brinda a los mejores dotados intelectualmente, la clave del éxito económico y político, individual y colectivo (civilización), a costo de los desaventajados de todo tipo, y esto sancionado por la implacable ley de la selección natural que para Darwin es clave en su teoría.

El intento de Darwin de marginarse del movimiento del darwinismo social es sin duda loable, pero insatisfactorio, no sólo porque no puede eliminar las consecuencias de la lucha por la existencia con el triunfo del más apto en la adaptación: sobrevivencia y reproducción, sino también, porque el desarrollo del instinto social teóricamente enfrenta numerosas dificultades. No resulta claro cómo se desarrolla el instinto social y sus derivados. Darwin indica que la presión social es muy importante para este desarrollo del instinto, sin embargo la opinión del grupo no tiene otro cimiento ético que el instinto social mismo que supuestamente viene a reforzar, y esta opinión pública está sometida sin apelación a las influencias de los instintos egoístas. En cuanto al desarrollo de la conciencia como la presenta Darwin, es difícil concebir que el instinto social sea lo suficientemente fuerte para este propósito, ya que nace de los instintos filiales y parenterales que son acotados al grupo, y limitados; no sin lucha por el poder y abuso. Por último, como ya mencionado, la razón que Darwin introduce para fortalecer la moralidad, expandirla y guiarla, juega un papel ambiguo, ya que por un lado favorece a los más inteligentes en su lucha por la existencia, y por otro, Darwin espera ilusoriamente que una razón todo poderosa salve los ideales del instinto social y sus derivados; a esto hay que agregar que no existe una razón universal e inapelable para la conducta humana, sino que la racionalidad del hombre, como ya se ha dicho, se pone al servicio de diferentes supuestos e intereses, y desde la lógica evolutiva darwiniana, al logro del predominio y de la supervivencia.

## BIBLIOGRAFÍA

1. Darwin, Charles (1871). The Descent of Man and Selection in Relation to Sex. London: John Murray, Albemarle Street.

http://darwin-online.org.uk/content/frameset?itemID=F937.1&viewtype=side&pageseq=1

Nota: Las traducciones del inglés han sido hechas por el autor.

Capítulo III

## SOCIOBIOLOGÍA:

### Altruismo Biológico, Selección de Parientes y Altruismo Recíproco.

La teoría de la evolución de Darwin incluye al hombre en su totalidad en el grupo de los seres orgánicos, proviniendo todos de una, o unas pocas formas primigenias. El hombre no constituye entonces, un ser especial poseedor de cualidades y atributos que lo separen esencialmente del resto de los seres vivos, las diferencias existentes entre ellos son sólo de grado, no de clase. Esta visión unificadora de la teoría de la evolución, basada en la ocurrencia de variaciones y la selección natural, genera interesantes y desafiantes consecuencias para la comprensión del ser humano, su conducta y la cultura que crea.

La confluencia de los prejuicios raciales y la práctica de privilegios socio-económicos con la lucha por la existencia de la selección natural –planteada desde la biología, pero extendida por su misma lógica a todas las expresiones del ser humano en evolución- contribuyeron al desarrollo y prestigio del darwinismo social. Este movimiento tomó sólo algunos aspectos de los aportes teóricos de Darwin, ignorando los esfuerzos realizados por el naturalista para mitigar y suavizar la violencia de la selección natural por la sobrevivencia del mejor dotado, mediante el desarrollo del instinto social, del cual la conciencia moral es uno de sus derivados.

En el capítulo anterior pudimos apreciar que el planteamiento de Darwin de la conducta social padece de serias inconsistencias y contradicciones que invalidan la teoría para dar cuenta satisfactoria de la conducta ética del ser humano, si consideramos como parte de tal conducta el respeto básico al hombre, no importando su condición. A pesar de que estas fallas se detectan en la obra misma de Darwin, los adherentes a la evolución darwiniana han continuado desarrollando y proponiendo una perspectiva evolutiva darwiniana a los fenómenos sociales. Un primer escollo que se plantea a esta empresa es el conciliar la conducta generosa y el auto sacrificio por los demás, con la cruda e implacable selección natural, situación que se hace ya evidente en los animales que viven en comunidad, y que se conoce como Altruismo Biológico. El estudio de la conducta social se conoce en biología como "sociobiología"; este término fue introducido en 1975 por E.O. Wilson en su libro Sociobiology: The New Synthesis (1) para designar el estudio de las bases biológicas de la conducta, tanto animal como humana; pero el término ha tenido mejor fortuna en el campo de la conducta animal, que en el área de la conducta de los seres humanos.

Como veremos más adelante, en el estudio de la conducta humana desde el punto de vista de la evolución, se han preferido otras expresiones y concepciones teóricas, como: evolución cultural, psicología evolucionaria, etc.

**Altruismo Biológico**

El altruismo biológico se refiere a aquellas conductas realizadas por un organismo que aumentan la capacidad de supervivencia y reproducción de otros a costo de una disminución de esta capacidad para sí mismo; naturalmente el altruismo biológico no se define por la intención consciente de ayudar a otros, ya que esta conducta se da en los animales que no poseen un desarrollo mental suficiente para tomar este tipo de decisiones voluntarias; sin embargo hay que tener presente que siguiendo la tesis de Darwin, estas conductas se pueden concebir como fases iniciales del desarrollo evolutivo del altruismo humano. (2:2)

Los ejemplos de conducta altruista son frecuentes en los animales que viven en comunidad, un ejemplo muy conocido es el de las abejas obreras de colmena que pasan su vida cuidando a la reina, coleccionando comida, protegiendo a la colonia y construyendo el nido; y son estériles, esto es, no poseen capacidad reproductiva, tienen 0 'fitness'. Otro ejemplo ilustrativo de altruismo biológico lo presentan los monos Vervet, que dan la alarma a la colonia ante la presencia de un predador, aumentando su vulnerabilidad y disminuyendo así, su capacidad reproductiva. (2:2)

La conducta altruista no es compatible con la concepción de la selección natural operando sobre el individuo, de este modo prevalecerían los instintos de autoafirmación y de sobrevivencia, el altruismo sería eliminado por la selección natural. Pero si se concibe la selección natural trabajando en beneficio del grupo, entonces la conducta altruista se hace comprensible y compatible con el proceso evolutivo, ya que es posible imaginar que un grupo que tenga más miembros con conducta altruista tendrá más probabilidades de sobrevivencia y más capacidad reproductiva.

La historia del altruismo biológico basado en la selección del grupo ha sido polémica en la biología evolutiva. Darwin mismo la propuso en The Descent of Man, pero posteriormente los creadores de la síntesis darwinista o neodarwinismo (RA Fisher, JBS Haldane y S Wright) dudaron que esta conducta altruista fuera importante en el proceso evolutivo y, posteriormente, J Maynard Smith (1964) y GC Williams (1966) argumentaron, basados en modelos matemáticos, que esta conducta sólo tendría efectos significativos en un número limitado de parámetros valorativos. Además, Richard Dawkins (3) en 1976, señaló un serio problema para esta tesis del Altruismo Biológico, el problema de la 'subversión desde dentro', esto es, basta una mutación, en el sentido de conducta egoísta, de un solo miembro de una colonia de seres altruistas para destruir completamente el sistema; puesto que este 'tramposo' va a tener más capacidad de sobrevida y de reproducción a costa de los demás, y como el tiempo de generación de un individuo es probable que sea más corto que el del grupo, con el tiempo estos seres egoístas sobrepasarían en número a los altruistas. (2:3)

El grupo como unidad de selección perdió credibilidad, pero el Altruismo Biológico ha vuelto a fortalecerse con la propuesta de dos teorías alternativas: la selección de parientes (o 'inclusive fitness') de Hamilton (1964) (4:1-16,17-32), y la teoría del altruismo recíproco propuesta por Trivers (1971) (5;46:35-57) y Maynard Smith (1964) (6:1145-1147) Estas teorías se han considerado como independientes del concepto de selección de grupo, pero no todos los expertos concuerdan con esta perspectiva, y las consideran como casos especiales de selección de grupo. (2:4)

## Selección de parientes (Kin Selection)

Esta teoría propone que la conducta altruista es debida a la presencia de un gen 'altruista'; todos los poseedores de este gen despliegan este tipo de conducta, pero no es una conducta indiscriminada, para cualquiera, sino sólo para los portadores de este gen, para los parientes. De este modo el grupo de parientes en donde se practica el altruismo ganan en capacidad reproductiva y sobrevivencia, aunque los individuos puedan disminuir sus posibilidades con dicha conducta. Entre más cercano es genéticamente el pariente beneficiado por una conducta altruista, mayor es la probabilidad de que compartan genes similares, en este caso el gen altruista; de este modo, el altruismo de parientes conduce a la preservación de la carga genética, incluyendo al gen altruista, y así a la evolución y persistencia de la conducta altruista. (2:4)

Como se puede apreciar en esta teoría, la selección natural ocurre al nivel del grupo, pero beneficia al conjunto común (pool) de genes; la conducta de los individuos es reflejo de su carga genética. Ilustra dramáticamente esta situación, el caso de las abejas obreras, estériles, y al servicio de la colectividad particularizada en la reina. Estos insectos poseen un sistema genético conocido como 'haplodiploide'; en este sistema las hembras comparten, término medio, más genes con sus hermanas que con sus propios descendientes, de tal manera que su conducta de autosacrificio con 0 'fitness' se ve compensada en la generación de más hermanas por la actividad reproductora de la reina madre; la carga genética persiste por la selección natural de este grupo de parientes (la haplodiploidicidad es un tema controvertido por los evolucionistas). (2:4)

El papel crucial que juegan los genes en esta teoría no significa que se considere la conducta animal como totalmente determinada por la carga genética, se acepta que la conducta también obedece a influencias del ambiente; pero, para que se produzca la selección por parientes, la conducta debe obedecer en parte a la acción de un gene, o genes, que inducen el altruismo. Esta selección de parientes disminuye la capacidad reproductiva y supervivencia del individuo altruista, pero aumenta su participación –su inclusión- en la capacidad reproductiva del grupo de parientes ("inclusive fitness"), con esta manera de enfocar la situación del individuo frente a la conservación del conjunto de genes comunitarios, y por ende del grupo, se evita depositar en los genes mismos el control de la selección de parientes. (2:6) Pero este enfoque no puede negar que el factor que se selecciona por el proceso de selección natural es el altruismo basado en la presencia de los genes correspondientes.

Hay que tener presente que la acción altruista no sigue una discriminación consciente, simplemente sucede, ya sea, porque el individuo se siente inclinado a actuar en forma altruista por los que reconoce como suyos (por el olor por ejemplo), o simplemente, porque actúa de esa forma con los que están a su alrededor, que con muchas probabilidades son sus parientes.

**Altruismo recíproco**

En el reino animal se observan también conductas altruistas hacia individuos no parientes, e incluso hacia individuos de otras especies; Naturalmente estas conductas no pueden ser explicadas por la selección de parientes, pero si por lo que se llama altruismo recíproco. Esta teoría propone que un organismo puede actuar en forma altruista hacia otro no relacionado, o de distinta especie, si existe la expectación de recibir retribución al favor, de este modo la disminución de la capacidad de supervivencia y de reproducción que involucra la conducta altruista se ve compensada por el retorno del favor, lo que es sancionado positivamente por la selección natural. Para que ocurra el altruismo recíproco es necesario que los organismos envueltos se reconozcan para poder ajustar la conducta de acuerdo a las reacciones del otro, y que interactúen frecuentemente (si las interacciones son pocas tienen más éxito evolutivo los tramposos que no retornan los favores); esta reciprocidad de favores tiene más posibilidades de suceder en grupos pequeños de animales, condición que reduce también el posible éxito de los tramposos, y aumenta las posibilidades evolutivas del altruismo. Los vampiros presentan un buen ejemplo de altruismo recíproco.

Estos animales viven en colonias poco numerosas, se alimentan con sangre y si pasan más de dos días sin comer tienen altas probabilidades de morir; en estos animales se ha observado que en la noche regurgitan la sangre ingerida para compartirla con los que han fallado en encontrar alimento; una conducta que recibe reciprocidad y aumenta la capacidad reproductiva de los participantes en la conducta altruista. (2:9)

Un ejemplo conocido de altruismo recíproco en especies diferentes es el de algunas especies de pececillos en los corales tropicales; estos peces limpian de parásitos la boca y las agallas de peces más grandes. La reciprocidad consiste en el caso del pez mayor en dejar al pez pequeño que realice la limpieza sin comérselo, de este modo obtiene una limpieza necesaria de un aseador que regresa con frecuencia a cumplir esa función, y permite que el pececillo se alimente con los parásitos; tanto el uno como el otro obtienen beneficios de supervivencia y reproducción. Esta conducta del altruismo recíproco no es naturalmente una conducta generosa, sino un simple arreglo de conveniencias egoístas para la supervivencia individual y el aumento de la capacidad reproductiva; es fácil imaginar que una vez que cese el beneficio de uno de los miembros envueltos, termina la aparente idílica relación; en el ejemplo citado, el pez mayor simplemente se come al más chico, o el chico ni se acerca al mayor si no tiene parásitos.

El altruismo biológico no tiene nada de altruista en el sentido de conducta auténticamente generosa y desinteresada. Tanto la teoría de selección de parientes, como la teoría del altruismo recíproco, intentan comprender estas conductas biológicas de apariencia altruista, de una manera compatible con el núcleo conceptual básico de la teoría de la evolución: la selección natural. Esto es, la conducta altruista que se observa en algunos animales sociales es una conducta 'interesada' para aumentar la sobrevivencia y capacidad de reproducción, de los individuos envueltos en el altruismo recíproco, y de la persistencia de ciertos genes comunitarios en el caso de la selección de parientes.

## Selección natural: del individuo al grupo, y del grupo a los genes.

La selección natural trabaja para Darwin fundamentalmente centrada en el individuo; pero esta concepción del proceso evolutivo no puede explicar adecuadamente el altruismo biológico, por lo que se amplió la unidad seleccionada, del organismo individual se pasó a la selección de grupo (este cambio requiere de la ocurrencia de una variación –mutación— que posibilita el cambio de conducta). Este concepto sin embargo, no ha sido bien acogido entre los evolucionistas por varias razones, incluyendo el peligro de la presencia de tramposos y de abusadores en el grupo que se aprovecharían de los demás, multiplicándose más que los altruistas, de modo que la selección de grupo no funcionaría; además se considera que los grupos se entremezclan fácilmente dificultando el trabajo de la selección natural. Con la presentación de los genes como actores centrales de la selección natural en la selección de parientes, se limitan las dificultades señaladas, pero se generan otros problemas conceptuales.

Si se colocan los genes en el centro del proceso evolutivo, tanto para los animales como para el ser humano, es preciso despejar algunos problemas para lograr una mejor comprensión del proceso de la selección natural. Porque tenemos que recordar por una parte, que en todo organismo pluricelular hay cromosomas cargados de genes en todas las células nucleadas, pero sólo los de las células germinales participan en transmisión generacional; y por otro lado, la selección natural no opera directamente sobre los genes, sino en ciertos rasgos externos del organismo en contacto con el ambiente (fenotipo), lo que genera el problema de determinar cuál es exactamente la "unidad de selección" sobre la cual trabaja la selección natural. En un esfuerzo por clarificar estas dificultades. Dawkins en 1978 introdujo dos conceptos básicos, modificados posteriormente por numerosos biólogos; se trata de los conceptos de "replicador" y "vehículo". (7) Con el término replicador se hace referencia a cualquier entidad de la cual se hacen copias, y con el término vehículo se indica la entidad que porta los replicadores. Dentro de los replicadores se distinguen los que tienen posibilidad de participar en el proceso generacional reproductivo ("germ-line"), o activos, y los replicadores que no tienen esta posibilidad ("dead-end"), o pasivos. Posteriormente se introdujo un tercer término, "interactor", que se refiere a entidades -resultado de los replicadores-, cuyos productos secundarios tienen expresión fenotípica (rasgos externos del organismo). Este interactor se concibe como una totalidad organizada (individuo, grupo u otra entidad a seleccionar) en interacción con el medio; la selección natural trabajaría a este nivel. Pero como los interactores son reflejo de los replicadores, su capacidad adaptativa se puede expresar en parámetros adaptativos genotípicos.

La selección natural trabaja a nivel 'externo', a nivel del fenotipo, del interactor, pero el beneficiario de la acción de la selección natural son los genes. Todas las interrelaciones de lo genotípico, de los rasgos de los interactores y del ambiente selectivo, se expresan en modelos matemáticos diversos que tratan de determinar el tipo de selección que opera, el nivel de organización biológica en que trabaja y su efectividad evolutiva. Estos modelos enfatizan distintos parámetros valorativos, lo que genera diferentes descripciones y requerimientos de la dinámica evolutiva, de este modo se llega a conclusiones diferentes, aumentando la controversia y el debate en torno a los conceptos básicos, a los instrumentos matemáticos usados y a las concretidades genéticas y bioquímicas referidas. (8:2-6) En este sentido se debate intensamente en la comunidad científica, cuál es la unidad seleccionada, qué constituye una variación adaptativa y quién es en última instancia el beneficiario de las variaciones cernidas por la selección natural.

## Replicadores

Dawkins, uno de los autores más conocidos por el público general, es de la opinión que son los 'replicadores' los que constituyen la unidad funcional de la selección natural; de ellos depende el fenotipo con los distintos rasgos que interactúan con el ambiente en la dinámica de la evolución. Para este autor el genotipo de un organismo es de vida limitada, ya que se destruye en el paso de una generación a otra con el proceso de la meiosis y recombinación genética en las especies que se reproducen sexualmente. Lo único que permanece y pasa de progenitores a vástagos son los genes; el gen (o la porción necesaria de DNA) -el replicador- es la verdadera unidad indivisible que en la evolución sobrevive, o es eliminado por la selección natural. (9:113-116) El individuo o el grupo son sólo vehículos −instrumentos- de los genes, estos vehículos constituyen el nivel en el cual la selección es más efectiva y visible, pero los responsables de los rasgos del organismo, y los portadores de los efectos de la selección natural son en última instancia los genes. Debe señalarse que en rigor los genes en sí mismos no se transmiten de generación en generación, sino más bien sus 'copias', por lo que en el fondo lo que sobrevive no es nada 'material', sino que mera 'información'. (8:14-19) Es oportuno señalar a este respecto que no hay conceptos biológicos claros acerca de la 'información'; esta dimensión abre perspectivas nuevas al campo de la biología.

Con esta visión del proceso evolutivo no es de sorprenderse que Dawkins (3) haya hablado de 'genes egoístas' que buscan su propio interés, y manejan así la evolución; como es sabido los adherentes al evolucionismo darwiniano han condenado esta expresión, la han tildado de infame y dañina a la causa evolucionista, y han señalado que no se puede atribuir a los genes, ni egoísmo ni generosidad, estos son términos antropomórficos carentes de sentido en la dinámica ciega de la selección natural; 'genes egoístas' no es más que una desafortunada metáfora para señalar un fenómeno carente de toda intención. Y los críticos de Dawkins tienen razón, pero su crítica muestra la cruda realidad de la teoría presentada, la evolución se reduce a una dinámica ciega de genes en lucha por prevalecer en la replicación, desapareciendo los individuos y los grupos (y sus intenciones morales), para dejar en el corazón de la vida evolutiva de los seres vivos (incluyendo al hombre) a meros genes, seleccionados para persistir y crecer desconectados de lo más propiamente humano; o como lo describe Dawkins (10:3): "Los genes compiten en el conjunto común [pool] de genes de una manera parecida a como las primeras moléculas replicativas competían en la sopa original", Desde esta perspectiva, la evolución puede ser definida a nivel genético como el proceso que cambia la frecuencia de los genes en el conjunto común de genes. Pero como ya hemos señalado, el debate sobre estos temas entre los biólogos y teóricos de la biología evolucionista es intenso, y por supuesto no faltan los científicos que resisten la tesis de Dawkins, enfatizando otros niveles de organización biológica  individuos y grupos- como los importantes actores y beneficiarios de la acción de la selección natural; algunos autores como Stephen Jay Gould (11:275-279), David Sloan Wilson (12:122-134) y otros, sostienen que la selección natural procede simultáneamente en varios niveles: los organismos, los grupos locales, los genes y las especies; pero esta mezcla de niveles en los 'objetos' de la selección natural parece un agregado a la teoría evolucionaria para acomodarse a las dificultades que enfrenta su dinámica básica. Más aún, a esta polémica que gira en torno a replicadores genéticos e interactores hay que agregar la perspectiva de los biólogos del desarrollo. Estos científicos señalan los repetidos ciclos de herencia que incluyen diferentes tipos de constancias y repeticiones como: los genes, la maquinaria celular, los rasgos fenotípicos (incluso conductas y estructuras sociales). Estos biólogos amplían la noción de replicador para incluir otras entidades, como son los sistemas de desarrollo, y rechazan el papel privilegiado de los genes como transportadores de información. Para algunos teóricos de esta perspectiva, la información es fundamental, pero no exclusiva de los genes; para otros, la información no juega un papel primordial. Un replicador copia, y esta copia, copia a su vez; cada copia es origen de la función que se va perpetuando; según estos biólogos, no sólo los genes calzan con esta definición de replicador. De todas maneras, para estos científicos, la selección natural continúa siendo fundamental y trabajaría con el sistema de desarrollo pertinente. (13:12-13)

El movimiento evolucionista, entonces, no limita la dinámica de la selección natural sólo al replicador genético que va pasando los cambios heredables, de generación a generación, sino que aplica los conceptos de selección natural y acumulación de variaciones a otros replicadores biológicos, como es el sistema inmunológico y, también a replicadores de carácter cultural. El sistema inmunológico, por ejemplo, y como sabido, posee genes –replicadores-, derivados de la línea genética, que dan origen a las células-B para identificar y combatir agentes invasores: antígenos. Estos genes inmunitarios tienen la característica de poseer una alta tasa de mutaciones con lo que pueden generar células-B con una variada capacidad de detectar y combatir diferentes antígenos, y el sistema inmunitario las acumula en preparación a futuros ataques. Este proceso que envuelve genes, mutaciones y presión ambiental (presencia de variados antígenos), puede ser descrito en términos de selección natural. Pero claro está, estas mutaciones y variaciones beneficiosas para la defensa del organismo del sistema inmunológico, no son heredables. (13:7-8) En el capítulo siguiente revisaremos los replicadores culturales: los memes.

De cualquier modo que se enfoque el problema de la unidad de selección, incluyendo el sistema de desarrollo, el proceso de selección natural basado en la competencia para el aumento de la capacidad reproductiva –individuos, grupos genes o segmentos de desarrollo-, no es aplicable a la situación ética del ser humano, no se puede justificar el verdadero altruismo desinteresado con estos principios básicos de la teoría de la evolución darwiniana cuyo fin es la funcionalidad para la reproducción y sobrevivencia. En este sentido, es oportuno citar nuevamente a Dawkins (14:4) cuando en una entrevista se le preguntó acerca del mensaje de la teoría de la evolución a la política y a la moral, su respuesta fue:"El único mensaje que se deriva de la teoría de la evolución es que de hecho pasa en la naturaleza. Ahora, en la naturaleza eso es cierto, hasta cierto punto, el más fuerte y el más egoísta sobreviven. Pero ese no es el mensaje de lo que debemos hacer. Tenemos que obtener nuestros "debemos' y nuestros 'deberíamos' de alguna otra fuente, no del darwinismo."

Como los mecanismos genéticos propuestos por las teorías de la selección de parientes y altruismo recíproco no son suficientes para explicar adecuadamente los fenómenos sociales del ser humano, se han intentado otras interpretaciones que es conveniente revisar someramente para ilustrar como se ha extendido el desarrollo de la teoría de la evolución a todos los aspectos de la vida del hombre, a pesar de las limitaciones evidentes en la exposición inicial de Darwin acerca de la sociabilidad del hombre, particularmente en la dimensión ética, central en las relaciones humanas y en la formación de comunidades; este límite también ha sido reconocido por otros evolucionistas, al menos ocasionalmente como lo muestra la entrevista de Dawkins citada más arriba.

## Bibliografía

1. Wilson, Edward O (1975). Sociobiology: the New Synthesis. Cambridge, Mass.: Harvard University Press.

2. Okasha, Samir (2003). Biological Altruism. Stanford Encyclopedia of Philosophy.

http://plato.stanford.edu/entries/altruis-biological/

3. Dawkins, Richard (1976). The Selfish Gene. Oxford: Oxford University Press.

4. Hamilton, WD (1964). The Genetical Evolution of Social Behaviour I and II. Journal of Theoretical Biology.

5. Trivers, RL (1971). The Evolution of Reciprocal Altruism. Quartely Review of Biology.

6. Maynard Smith, J (1964). Group Selection and Kin Selection. Nature, 201.

7. Dawkins, Richard (1982). Replicator and vehicles, in King's College Sociobiology Group, Cambridge. Current Problems in Sociobiology. Cambridge: Cambridge University Press.

8. Lloyd, Elizabeth (2005). Units and Levels of Selection. Stanford Encyclopedia of Philosophy.

http://plato.stanford.edu/entries/selection-units/

9. Dawkins, Richard (1982). The extended phenotype. New York: Oxford University Press.

10. Dawkins, Richard (1998).Darwin and Darwinism. A longer version of this article appears in the British Edition of Microsoft Encarta Encyclopedia 98.

http://www.simonyi.ox.uk/dawkins/WorlOfDawkins-archive/Dawkins/Work?Articles

11. Gould, Stephens J (1992). Ontogeny and phylogeny revised and reunited, Bioessays

12. Wilson, David S (1997(. Altruism and organism: disentangling the themes of multilevel selection theory. The American Naturalist, July, 150, supplement.

13. Hull, David (2005). Replication. Stanford Encyclopedia of Philosophy.

http://plato.stanford.ed/entries/replication/

14. Dawkins, Richard (1996). You can survive without understanding. En: Speak Darwinists, by Frank Roes, Amsterdam.

http://www.froes.dds.nl/DAWKINS.htm/

Nota: Las traducciones del inglés han sido hechas por el autor.

Capítulo IV

EVOLUCIÓN CULTURAL:
**Teoría de herencia dual y Teoría memética**

La teoría de la evolución intenta explicar el proceso de cambio observado en los seres vivos en base a variaciones adaptativas heredables y selección natural. En sentido biológico las variaciones se atribuyen en la actualidad a mutaciones genéticas frente a la presión ambiental, y pasadas a los vástagos mediante mecanismos genéticos; esta es una 'transmisión vertical'. Sin embargo, ya en el seno mismo de lo biológico-conductual, se apunta a factores no genéticos jugando un papel en la transmisión de comportamientos y actitudes, como algunos aspectos del trinar de pájaros aprendidos por imitación, y aprendizaje entorno a realizaciones concretas como por ejemplo, nidos, que han sido usados por generaciones sucesivas; en estos casos se trata de una "transmisión horizontal".

El hombre vive sumergido en la cultura -reflejo de su vida-, cambiante, dinámica y múltiple. Para los adherentes al paradigma darwiniano, este proceso cultural es susceptible de ser comprendido en base a los principios de la teoría de la evolución. No es sorprendente esta extensión de la teoría a los asuntos humanos si consideramos que Darwin colocó al hombre en su totalidad dentro del gran grupo de los seres orgánicos, sin ninguna diferencia esencial, sino sólo de grado, de grado evolutivo. Por tanto, en el darwinismo el hombre y su cultura están sometidos irremediablemente a la selección natural que permite la sobrevivencia al mejor dotado para subsistir y reproducirse; ley fundamental que rige la existencia de la vida; ley a la que no escapan las expresiones culturales del ser humano, relacionadas todas, directa o indirectamente, a la capacidad reproductiva del grupo; así vimos en un capítulo anterior, como Darwin habla de la evolución del lenguaje, de la lucha por la 'existencia' de vocablos, y de la selección de los más simples, de los más ajustados.

En la teoría de la evolución la herencia es fundamental; sin la capacidad de transmitir las variaciones beneficiosas de generación en generación, simplemente no sería posible concebir evolución alguna. Para Darwin incluso el uso y el desuso de partes se podían heredar, así como también los hábitos largamente repetidos. Con el avance de los conocimientos científicos de los mecanismos de la herencia, se desecharon el lamarckismo y la herencia de hábitos adquiridos; la genética tomó el control del proceso hereditario. La imitación y el aprendizaje se hicieron cargo de la transmisión de las formas culturales. Pero este cambio en el conocimiento de los mecanismos hereditarios no constituyó una amenaza para la teoría de la evolución, sólo significó que la cultura se traspasa a través del aprendizaje y de la acumulación de conocimientos en fuentes asequibles a otros de la misma generación, y también a las generaciones siguientes; esto es transmisión horizontal (y vertical), y por tanto susceptibles de ser sometidas a la selección natural.

Sin embargo, la explicación y comprensión del constante flujo cultural mediante los principios básicos de la teoría de la evolución implica serias dificultades, porque en la cultura resulta muy difícil delimitar la unidad cultural que se supone sometida a la operación de la selección natural, ya que las ideas y acciones humanas son el resultado de otras ideas y creencias que poseen los hombres; además en la comunidad humana se agudiza el problema de la determinación del beneficiario de la selección natural: o el grupo, o el individuo, o los genes; esta determinación requiere una carga adicional de supuestos en la tesis y cálculos teóricos, para asegurar la evolución de la sociedad, evitando los intereses egoísta individuales de sus miembros que tienden a disolver la cohesión de la comunidad .

**Teoría de herencia dual.**

En la conceptualización de la dinámica evolutiva cultural se manejan conceptos análogos a los utilizados en la evolución genética. Así se habla de 'variación al azar' que surge de la tasa de errores en la transmisión de los rasgos culturales; 'desplazamiento cultural' –fluctuación de rasgos culturales en una población-, resultantes de las variaciones fortuitas en la transmisión de los rasgos por fallas en la observación, memoria, etc., de los individuos (al igual que en la genética este efecto es más notorio en comunidades pequeñas); 'variaciones guiadas' que dependen del estándar de adaptación de los individuos que determina las variantes culturales que se aprenden. (3:3-4)

En la transmisión cultural de rasgos se han estudiado los factores –"prejuicios"-que favorecen la adquisición de unas variantes de rasgos culturales sobre otras.

Existen numerosos 'prejuicios' que influyen la imitación de aspectos culturales del medio, como el "prejuicio de contenido" y los "prejuicios de contexto". El "prejuicio de contenido" se refiere a las preferencias por uno u otro rasgo cultural, preferencias que pueden ser genéticas (preferencia por alimentos dulces, por ejemplo), o culturales, o mixtas. Los "prejuicios de contextos", comprenden los "prejuicios de modalidad" y los "prejuicios de frecuencia". Los "prejuicios de modalidad" incluyen el "prejuicio de prestigio" que inclina a la imitación de los que se consideran prestigiados en la comunidad, y el "prejuicio de habilidades" inclina la imitación de los hábiles en ciertas áreas de interés. Los "prejuicios dependientes de la frecuencia" condicionan la imitación de la variante cultural según la percepción de su frecuencia en la comunidad, entre éstos tenemos el "prejuicio de conformidad" que es el más relevante, suponiéndose que influye en la evolución cultural para consolidar las características de los grupos particulares y favorecer la selección de grupos. (5. 3:4-5)

La evolución de la cultura parece entrar en conflictos con la sobrevivencia del grupo, como se muestra en el trabajo de Cavalli-Sforza y Felman. (1, citado en referencia 2) Estos autores estudiaron la tasa de nacimientos de un grupo de mujeres italianas sanas del siglo XIX y observaron que esta tasa había bajado de alrededor de cinco hijos a dos, lo que constituye un fenómeno aparentemente antagónico a un beneficio evolutivo, una situación difícil de compaginar con la selección natural. Los autores señalaron que este fenómeno se debía a una transmisión cultural horizontal, esto es, las mujeres copiaron la preferencia de una familia pequeña de otra gente que de sus propias madres. En este trabajo Cavalli-Sforza y Felman utilizan muchos conceptos de epidemiología y de genética de poblaciones para presentar un modelo matemático que describe la dispersión de los rasgos culturales en la población, mediante la transmisión cultural vertical, horizontal y oblicua (imitación de miembros de una generación previa, pero no de línea directa de relación familiar) (3:6) (Otros trabajos que presentan modelos matemáticos combinando la evolución cultural con la influencia de la selección natural en la genética, incluyen los de Lumsdem & Wilson (4) y de Boyd & Richerson (5)).

Utilizando los conceptos básicos de la evolución cultural, se puede entender que la selección natural permita elegir el tamaño reducido de la familia de las italianas del siglo XIX. Para este propósito se invoca el "prejuicio de prestigio", combinado con la disposición o posibilidad de elegir, que está genéticamente determinada, y sancionada positivamente por la selección natural. Se argumenta que la elección de baja natalidad de las madres italianas es influida por el "prejuicio de prestigio", las madres italianas copian a las mujeres que ocupan un lugar prestigioso y de éxito en la comunidad, y que tienen pocos hijos; estas madres italianas suponen que esas personas socialmente relevantes poseen una alta capacidad de utilizar técnicas de éxito social, e implícitamente, de sobrevivencia. (6. 7)

Lo genético y lo cultural se combinan para aumentar la sobrevivencia, de aquí la denominación de la teoría de la evolución cultural como dual. La genética permite la flexibilidad de imitación, y el "prejuicio de prestigio" asegura la sobrevivencia al copiar a los exitosos, aumentando las probabilidades de sobrevivencia en comparación a los que no copian, o copian indiscriminadamente. Habría que señalar críticamente que este supuesto no es evidente, y puede ser falso, esto es, no aumentar el potencial de supervivencia; además se puede lícitamente preguntar por qué la selección natural corre el riesgo de ofrecer una disposición de libre elección que puede fácilmente desviarse del camino evolutivo de la sobrevivencia, lo que parece suceder de hecho con las mujeres italianas que eligen bajar su tasa de natalidad. Pareciera mucho más simple y certero para la evolución, seleccionar sólo una forma genética para determinar la conducta, sin necesidad de correr el riesgo de una elección equivocada y sin aumentar el gasto evolutivo, agregando variaciones adaptativas de libre elección. Pero al parecer la teoría de la evolución cultural se acomoda al hecho dado de que existe el ser humano con cultura y con libre elección; en otras palabras, la teoría tiene problemas en explicar la cultura humana del modo que lo propone.

Se argumenta que los 'prejuicios' en la imitación de rasgos culturales se pueden estudiar empíricamente, así como la microevolución en la transmisión de material cultural en grupos experimentales, y se pueden ligar a disposiciones genéticas para elaborar modelos matemáticos descriptivos de la evolución dual, genético-cultural. La validez de la proyección de los resultados de estos estudios sociales experimentales puntuales al proceso cultural en su totalidad es considerablemente imprecisa y especulativa.

Como se puede apreciar en estos modelos de evolución dual se considera una interrelación entre la evolución genética que selecciona disposiciones, y la transmisión de los rasgos culturales en los individuos influida por los "prejuicios" (culturales), a la larga también sancionados evolutivamente para la mejor capacidad de sobrevivencia. Otros modelos de evolución cultural, no ya duales en el sentido descrito, utilizan unidades genético culturales (unidades que envuelven cultura y estructura neurológica) sometidas a coevolución de mutuas influencias, pero requieren necesariamente de más supuestos y una compleja elaboración matemática que oscurece aún más los especulativos resultados de estos acercamientos teóricos.

Las relaciones entre desarrollo cultural y expresión genética son complejas y aún no claramente entendidas, un ejemplo de esta interrelación entre ambiente y genética es la intolerancia a la lactosa, un fenómeno determinado genéticamente, pero precipitado por factores culturales: el desarrollo de la industria lechera. Algunos adherentes a la interpretación darwiniana piensan que los cambios culturales van a constituir una presión ambiental que actúa sobre los genes, seleccionando las variaciones adaptativas que se produzcan; se genera una coevolución. Sin embargo, la elaboración de un cuerpo teórico coherente y comprensivo de los cambios culturales de la vida humana desde la perspectiva de la evolución darwiniana, dista mucho de estar satisfactoriamente logrado.

### Teoría memética

Quizás el intento más conocido por el público general para explicar la evolución de la cultura humana la constituye la Teoría Memética. El concepto de meme fue propuesto por Richard Dawkins en su libro The Selfish Gene (9) publicado en

1976, y posteriormente popularizado por el filósofo americano Daniel Dennett (Consciousness Explained (1991) y Darwin's Dangerous Idea (1995)). Dawkins propuso el concepto de meme como un 'replicador' (que genera copias) preciso que no fuera un gen, y que funcionara como una unidad cultural capaz de explicar la conducta humana y la evolución cultural. El nombre mismo –meme-- fue elegido por Dawkins para que sonara en forma similar a 'gen'. (10:3-4)

Dawkins afirma que: "El gen, la molécula de ADN, es la entidad replicativa que prevalece en el planeta. [Pero] hay muchos otros." (9;11:3) El meme es uno de ellos, y constituye la unidad cultural que se copia a sí misma -al igual que los genes-, una unidad de transmisión o de imitación. Esta concepción del núcleo evolutivo cultural es una clara analogía a la situación biológica; el autor lo dice explícitamente: "La transmisión cultural es análoga a la transmisión genética..." (9;11:2) Para Dawkins los replicadores tienen particular importancia, porque constituyen la base del darwinismo; los replicadores de cualquier tipo son las unidades sobre las que opera la selección natural, y poseen la capacidad de construir sistemas de gran complejidad en el curso de generaciones.

Dawkins ofrece los siguientes ejemplos de memes: "...melodías, ideas, frases populares, ropas de moda, modos de hacer cerámicas o arcos de edificios." (9;11:4) Estos ejemplos muestran que los memes son más que conceptos abstractos, incluyen técnicas, preferencias y trozos musicales. Para este biólogo, así como los genes saltan de cuerpo en cuerpo vía espermatozoides y óvulos, así también los memes saltan de cerebro a cerebro vía imitación. La transmisión memética se propaga horizontal y verticalmente en el curso de la historia (por ejemplo, las enseñanzas de Sócrates sobreviven, aún más que sus genes que se han dispersado totalmente). Los memes, si vigorosos y fuertes, se apoderan de los cerebros: "Cuando plantas un meme fértil en mi mente –escribe Dawkins-, literalmente paralizas mi cerebro, volviéndolo un vehículo para su propagación, del mismo modo que un virus paraliza el mecanismo genético de la célula huésped." (9:11;4) El meme que se esparce en el grupo humano toma cuerpo como una estructura en el sistema nervioso de los hombres que toca. Pero no todos los memes se replican en forma igualmente exitosa, sólo los más vigorosos prevalecen, como ocurre con los seres vivos en la selva donde rige la lucha por la existencia; para Dawkins este proceso: "...es el análogo de la selección natural." (9;11:4-5)

La analogía con lo biológico abarca aún más, así cuando Dawkins habla de la idea de Dios comenta que no sabemos cómo surgió esta idea en el conjunto de memes, y escribe: "Probablemente se originó muchas veces por 'mutaciones' independientes. En todo caso es muy antigua, en verdad." (9;11:4) Los memes no sólo se replican (copian), sino también mutan. La idea de Dios, según Dawkins, se replicó por la palabra hablada y escrita, ayudada por excelente arte y música; esto significa que los memes pueden asociarse para aumentar su capacidad de supervivencia. La fuerza de la idea de Dios se debe, de acuerdo a Dawkins, a su alto atractivo psicológico al ofrecer respuestas fáciles y superficiales a las perturbadoras preguntas acerca de la existencia.

Este 'atractivo psicológico', nos dice el biólogo, lo explicarían los evolucionistas más clásicos señalando que atrae a los cerebros, y los cerebros son conformados por la selección natural. Pero Dawkins propone que el meme es un nuevo y vigoroso replicador –producto de la evolución- que funciona independientemente del replicador genético; escribe este autor: "Una vez que los memes que se copian a sí mismos surgen, arranca su propia y tanto más veloz evolución. Nosotros los biólogos hemos asimilado la idea de evolución genética tan profundamente que tendemos a olvidar que es sólo una dentro de muchos posibles tipos de evolución." (9;11:4) Los memes tienen una aparición más tardía en la evolución, pero para

Dawkins éstos aparecen como poderosos replicadores que van a tomar en sus manos el curso evolutivo del hombre: "Una vez que los genes han proveído sus máquinas de sobrevivencia con cerebros que son capaces de imitar rápidamente, los memes automáticamente toman el control." (9;11:8) Es el cerebro entonces el que posee la capacidad de imitar, los memes sólo se aprovechan de esta capacidad. Susan Blackmore, adherente a la tesis memética, especula que al surgir los memes gracias a la evolución cerebral, se genera una coevolución de genes y memes; los memes crean un ámbito que pasa a constituir parte del ambiente al cual la evolución del cerebro va adaptándose; el cerebro evoluciona y crece en tamaño y complejidad con la contribución de genes y memes. (11:1-19)

Dawkins postula una evolución memética separada de la evolución genética, al punto que se puede dar el caso que surja oposición entre memes y genes como es el caso del celibato. Desde el punto de vista genético el celibato para Dawkins es un camino sin salida que lleva a la extinción; pero desde el punto de vista de los memes puede tener éxito por persuasión de variados tipos y, porque este meme está asociado con otros memes de tipo religioso que se apoyan mutuamente (memeplexes); Dawkins en este sentido sostiene que los complejos de memes evolucionan en forma similar a como lo hacen los complejos de genes.

Dawkins otorga una gran fuerza e independencia a los memes, aunque hayan nacido de la creación humana; curiosamente estas imprecisas y confusas unidades culturales se desprenden de su creadores para tener una vida propia con poca relación a la voluntad de sus huéspedes, incluso los manipulan desde fuera del ámbito de la conciencia. Sin embargo, al mismo tiempo Dawkins atribuye el éxito de la supervivencia de los memes a su capacidad de responder a necesidades psicológicas o existenciales de los seres humanos; o sea, su supervivencia depende de la problemática propia de la persona; esta es una de las tantas inconsistencias de la tesis presentada por Dawkins.

Los memes son de gran importancia en la constitución de los rasgos humanos, pero Dawkins admite que tal vez la capacidad de prever del hombre no haya evolucionado "meméticamente", porque los memes son "...replicadores ciegos, inconscientes." (9;11:8) Los memes se replicaran tendiendo hacia "...una evolución de cantidad, la cual, en el sentido especial de este libro, puede ser llamada egoísta [selfish]." (9;11:8) Esto es, sin otra consideración que la propia sobrevivencia.

Del mismo modo que los genes –sostiene Dawkins-, también los memes compiten entre ellos, aunque no estén alineados y pareados en cromosomas; los memes compiten por el tiempo y la atención que necesitan para estar presentes en el cerebro del huésped, y también, escribe el biólogo: "Otras áreas por las que compiten los memes son el tiempo en la radio o televisión, el espacio en los avisos públicos, las pulgadas de las columnas de los periódicos y el espacio en los anaqueles de las bibliotecas." (9;11:5) Dawkins, siguiendo con el paralelismo con el proceso genético habla –como ya hemos mencionado- de los efectos de los memes trabajando desde fuera de la conciencia del huésped para asegurar su supervivencia, de un modo similar a como operan los genes fuera de la conciencia de su portador; escribe el autor: "...memes inconscientes han asegurado su propia supervivencia por medio de esas mismas cualidades de pseudo-rudeza que despliegan los genes." (9;11:7) (El ejemplo que usa Dawkins es el temor del meme del fuego eterno que asegura así su propia persistencia, y la del meme Dios con la que se asocia.) Dawkins atribuye a la capacidad de prever del ser humano una singular importancia, gracias a este rasgo el hombre limita el egoísmo genético y memético; Dawkins lo describe así: "Tenemos el poder de desafiar los genes egoístas de nuestro nacimiento y, si es necesario, los memes egoístas de nuestra indoctrinación. Podemos aún discutir modos de cultivar y nutrir deliberadamente un altruismo desinteresado y puro –

algo que no tiene lugar en la naturaleza, algo que nunca ha existido antes en toda la historia del mundo. Estamos construidos como máquinas de genes y culturalizados como máquinas de memes, pero podemos volvernos contra nuestros propios creadores. Sólo nosotros en la tierra podemos rebelarnos contra la tiranía de los replicadores egoístas." (9;11:8)

Habría que repetir aquí el argumento que consideramos cuando examinamos el desarrollo del instinto social en Darwin, esto es, la dinámica básica de la teoría de la evolución: la selección natural del mejor dotado para la sobrevivencia y reproducción (absolutamente ciega de otra consideración); la selección natural simplemente no apoya, ni justifica una capacidad de altruismo verdadero y noble del ser humano, este es simplemente un rasgo sin cimiento, impotente frente al egoísmo natural de genes y memes, un rasgo sin destino en la lucha por la vida.

Esta capacidad particular del ser humano de rebelarse en contra la tiranía de genes y memes es ajena a la teoría de la evolución darwiniana, es un 'agregado' conveniente para aumentar la capacidad explicativa de la teoría del fenómeno humano.

Dawkins reconoce que los memes no se copian tan fielmente como los genes; escribe: "...parece que la transmisión de los memes está sujeta a mutaciones continuas y también a mezcla." (9;11:5) Tampoco resulta sencillo delimitarlos, por ejemplo en una sinfonía: ¿Es toda un meme? ¿O qué parte de ella es un meme? Pero Dawkins señala que en la herencia genética suceden fenómenos similares, así el emparejamiento de un blanco y un negro genera un color de piel intermedio, aunque los genes sean definitivamente para blanco y negro; por tanto no existe para Dawkins una diferencia significativa entre la situación de los genes y la de los memes que invalide la analogía. Habría que señalar entonces, que los memes no serían ya las unidades culturales propiamente tales, como comienza diciendo Dawkins, sino que estas serían más bien reflejos de algo subyacente –memes--, como los genes subyacen a lo fenotípico.

Quizás por lo recién señalado, Dawkins (9;11:Notas:3) puntualiza claramente que los memes –al igual que los genes- son estructuras auto-replicantes cerebrales: "...alambrados neurológicos que se reconstituyen de un cerebro a otro." Los genes al copiarse o desdoblarse lo que hacen en rigor, es transmitir información a otras estructuras moleculares idénticas adyacentes. Con los memes, -si los concebimos como estructuras neurológicas- análogas a los genes, debiera suceder algo similar; pero no es así, la información se transmite, no para depositarse en un trozo de materia cerebral idéntica, sino que se deposita en libros, grabaciones, computadores, etc., para pasar luego a otros cerebros ajenos al que la generó; no son los memes los que se copian, sino que la información que contienen (memes como estructura cerebral). Además, y obviamente, la información no se reproduce a sí misma, ni en un libro, ni en una cinta magnética o computador (salvo que una voluntad humana lo programe de ese modo), sino que en la mente del hombre, capaz de captarla, entenderla y reproducirla; no hay transmisión directa de cerebro a cerebro sin la mediación de una mente racional. Con la concepción de los memes como alambrados neurológicos y también como unidades de transmisión cultural, Dawkins parece mentalizar al cerebro; el autor se refiere a este órgano como si fuera la mente misma del ser humano, realizando de este modo, una reducción materialista extrema de la mente humana que cae en lo absurdo e insostenible, tanto del punto de vista científico como epistemológico. Dawkins (9;11:Notas:6) en esta línea de pensamiento llega a proponer que aún los computadores pueden o podrían ser huéspedes de módulos de información auto-replicante. Obviamente el biólogo parece no recordar que el cerebro es como un instrumento necesario de la persona que elige en base a sus emociones y valores; en cambio, un computador es, y será siempre, un instrumento diseñado por el hombre para actuar del modo que éste especifique; pensar lo contrario, es entrar de lleno en el campo de la ciencia ficción.

Blackmore es menos ambigua y ambivalente que Dawkins, para esta autora los memes no son estructura cerebral, ni tampoco acepta la analogía con los genes, y con respecto a la distinción de geno y fenotipo, sugiere:..."no hay una clara equivalencia de la distinción genotipo/fenotipo en la memética, porque los memes son replicadores relativamente nuevos y no han creado para sí mismos esta clase de sistema tan altamente efectivo." (11:6) Los memes para Blackmore son información, ya esté en la cabeza de una persona, en un computador o en cualquier otro vehículo: "Los memes son hábitos, habilidades, canciones, historias, o cualquier clase de conducta que pasa de persona a persona por imitación"...."[los memes] son información que es copiada con variación y selección".(12:1) Los memes son lo que se imita, pero no son toda información producida por el hombre, sino sólo aquella que se copia y se transmite, para ser de este modo, susceptible a la selección evolutiva. (11:4) La variación de los memes puede ocurrir por fallas de la memoria y de la comunicación, o por ..."recombinación creadora de diferentes memes." (11:7)

Para esta autora, la naturaleza de los memes..."influyen en su propia probabilidad de replicación." (11:2) Pero, como ya hemos dicho, la información no se reproduce por sí misma, un libro no imita a otro libro, ni a un computador, la imitación en este caso de los memes, es un fenómeno estrictamente humano; es una persona la que imita una melodía, aprende una teoría científica acertada, o repite una tontería sin meditar lo que dice; la información memética no tiene vida autónoma, si no es en la mente de un agente. No es tampoco un cerebro el que imita, ni es el cerebro un contenedor de un conglomerado de memes, sino que propiamente es en la persona en la que encontramos las ideas, las habilidades, las creencias, etc.. Si recurrimos a los conocimientos de la neurociencia para entender desde ese punto de vista los fenómenos humanos, tenemos que conformarnos en el mejor de los casos con posibles correlaciones mente-cerebro o, hipotéticas y muy especulativas unidades neuro-mentales.

La capacidad de prever que acepta Dawkins como particular del ser humano muestra claramente la capacidad ejecutiva de la mente humana, con libertad intrínseca de poder elegir entre distintas opciones. Es en esta capacidad ejecutiva y creadora del ser humano donde se encuentra el origen de las ideas, de las técnicas, de las artes del hombre, de lo que Dawkins denomina memes.

Es la mente del hombre la que crea, modifica y acepta, o rechaza a los 'memes'. Los memes no tienen ese poder avasallador que controla la cultura y, que según Dawkins, someten incluso a su propio creador: al ser humano, fuera de su conciencia y responsabilidad. Si concebimos a los memes como unidades autónomas de tejido cerebral (no hay fundamento alguno para éllo), se rompe la analogía con los genes y se confunden los niveles esenciales de lo genético: lo "geno" y lo "fenotípico"; y si los concebimos como simples unidades independientes de información (difícil, si no imposible de delimitarlas), se cae en el absurdo, si no se considera al ser humano que genera la información dándole significado y sentido, y con la libertad de aceptarla, modificarla, transcribirla de modos diferentes, o simplemente abandonarla. Ciertamente hay ideas y melodías pegajosas que no tienen más sustento que su propia apariencia atractiva y la emocionalidad que despiertan, pero en modo alguno se puede concluir como lo hace Dawkins y sus seguidores, la existencia de memes autónomos y "egoístas"; los memes no tienen vida propia, su existencia depende del control humano, postular lo contrario es negar al hombre su libertad creadora (incluyendo la capacidad de fantasear con memes). Si aceptamos la tesis memética en su totalidad, desaparece el hombre como ser consciente responsable de sus acciones, para transformarse en una conciencia estéril a merced de los memes que lo inundan por fuera y dentro de sí mismo; una consecuencia antintuitiva que invalida hasta la tesis memética propuesta por la creatividad y voluntad de una persona: Richard Dawkins.

Los simpatizantes de la teoría memética, como Susan Blackmore, sostienen que la evolución de los memes..."no es para beneficio de los genes, ni para beneficio de las personas que portan estos genes, sino que para el beneficio de los memes que esa gente ha copiado." [11:3] Los seres humanos quedan así reducidos a receptáculos pasivos de esos memes todopoderosos que paradójicamente, para esta tesis memética, dependen de la mente del hombre para su génesis y mantención. Esta tesis memética se diferencia de otras posturas de la sociobiología y de la psicología evolucionaria, en precisamente esta centralidad de los memes en la evolución del hombre, en cambio en los otros acercamientos mencionados, el beneficio evolutivo está referido a los genes, al fin de cuentas más cercanos a la biología y a la supervivencia del individuo y de la especie que los memes, susceptibles de 'evolucionar' –al menos transitoriamente-- por sendas contrarias a la sobrevivencia y potencial reproductivo de los seres humanos.

La conceptualización de los memes es ambigua, imprecisa, confusa, por lo que no es sorprendente que exista una viva polémica entre los memetólogos en torno a su definición, transmisión, efecto de la selección natural y alcance de su evolución; además algunos críticos señalan que la tesis memética es una vuelta al dualismo cartesiano y sus problemas, y que esta tesis parece no agregar nada nuevo a la comprensión de los fenómenos culturales, sino describirlos en forma diferente con lenguaje 'memético'. (10:15-16) La tesis memética es problemática y está plagada de imprecisiones e inconsistencias que invalidan su 'supervivencia'.

## Conclusión

La tesis de la sociobiología introducida por EO Wilson (13) en 1975 enfatizaba la influencia genética directa en la conducta del ser humano, este acercamiento tan determinado por lo biológico no fue aceptado, ni siquiera por los intelectuales evolucionistas. Otras tesis reemplazaron la interpretación de la sociobiología, como las que hemos esbozado en este capítulo: la Teoría de herencia dual y la Teoría Memética. Estas teorías se alejan del determinismo genético directo, pero fieles a la teoría de la evolución darwiniana, continúan recurriendo a la selección natural, no ya utilizando al gen como unidad de selección, sino unidades mixtas (genes/elementos culturales) o los memes, ambas sometidas a la selección natural. La selección natural sanciona positivamente lo que se adapta al medio y aumenta el potencial reproductivo de los organismos; en el caso de las unidades culturales sucede lo mismo en última instancia, esto es, se selecciona la unidad cultural que tiene aceptación – adaptación-- al medio social, pero tiene que serlo en consistencia con la persistencia (fitness) de los organismos (seres humanos), si esto no ocurre, simplemente la selección natural los elimina. Tanto en la tesis de la sociobiología, como en las teorías de la herencia dual y memética, el eje central de la dinámica evolutiva es esencialmente la misma: la maximización del potencial reproductivo del ser humano, sin el cual, lisa y llanamente, no hay cultura, ni evolución. La cultura interpretada bajo el prisma darwiniano muestra un desarrollo evolutivo del hombre guiado por la selección natural, sin posibilidad de fundamentar sólidamente los valores primordiales de nuestra civilización, como el respeto a la persona sin importar su condición, sin los cuales es imposible justificar la conducta ética del ser humano.

En cierto sentido ilustra esta profunda deficiencia de la teoría evolutiva darwiniana, la descarnada opinión del biólogo darwinista Richard Alexander (14:4-5); para este científico no tiene sentido pensar que se pueda ser honesto: "La razón es que los organismos que se reproducen sexualmente tienen diferentes grupos de genes, de modo que están en competencia unos con otros por la reproducción. Y no es fácil imaginar que vayan a evolucionar para transmitir información fidedigna unos a otros."..."Hemos evolucionado, pienso, para engañarnos muy profundamente a nosotros mismos en este punto de cuando somos egoístas y cuando no estamos centrados en nosotros mismos."...."Especulo que la autoconciencia es un modo de vernos a nosotros mismos como otros nos ven, de modo que podemos inducirlos a vernos como queremos que nos vean. En otras palabras, la autoconciencia nos permite manipular la impresión que causamos en los otros, de un modo que sirve mejor nuestros propios intereses." ...."Si evolucionamos para engañarnos a nosotros mismos acerca de nuestras motivaciones, entonces, de algún modo, eso debe ser para nuestro beneficio. Así, esto significa que no es para nuestro beneficio estar totalmente consciente de todo lo que hacemos en sentido egoísta."

Las teorías de la evolución cultural intentan fundamentar sus tesis con estudios empíricos, pero no es difícil apreciar las tremendas dificultades que enfrentan estos esfuerzos teóricos y de investigación del desarrollo cultural del hombre en la perspectiva darwiniana. De partida no se tiene información adecuada de la situación cultural del hombre primigenio, ni de las situaciones concretas a las que tuvo que adaptarse, ni de las que siguieron posteriormente para poder estudiar la evolución cultural; esta es una limitación seria para la construcción de estas teorías. Los estudios evolutivos que se realizan son más bien puntuales, de rasgos culturales fáciles de definir y de estudiar, cuya contribución es parcial y limitada, y por tanto no se pueden extrapolar al desarrollo total de la cultura humana. A este problema se le han de agregar otros no menos importantes como son la inmensa problemática –teórica y práctica- de la relación de la evolución biológica con la cultural y la integración de la perspectiva evolutiva con las ciencias de la conducta humana (psicología, sociología, etc.). El cuadro global del complejo fluir cultural regido por la libertad creadora del ser humano, escapa a una visión teórica evolutiva darwinista coherente y satisfactoria. (15:2-3)

La aplicación de la teoría de la evolución darwiniana a los fenómenos culturales enfrenta una tarea de tal magnitud que, a pesar de los ingeniosos y muchas veces fantasiosos intentos, arroja resultados teóricos múltiples, insuficientes, lejanos de ofrecer una perspectiva coherente y plenamente convincente del proceso cultural humano. Robin Allott (15;4) critica las tesis de evolución de la cultura que se centran primariamente en la transmisión cultural, y escribe: "En suma, uno está forzado a concluir, con Ingold (16), que los acercamientos o teorías de la evolución cultural presentadas por estos autores no son convincentes, ni adecuadas, ni satisfactorias (Calvalli-Sforza and Feldman (17); Lumsden and EO Wilson (4); Boyd and Richerson (5)). Ellos trabajan con la transmisión cultural y los argumentos tienden a ser circulares; la cultura es para ellos lo que es transmitido culturalmente. Dicen poco o nada acerca del potencial humano para la creación de la cultura, acerca de los aspectos mayores de la cultura en la evolución humana, acerca de la fuente evolucionaria del potencial y del contenido y forma de los sistemas culturales mayores. Aún, en términos de su explicación de la transmisión de la cultura, la idea (que la mayoría de ellos sostienen), que la cultura es atomística, compuesta de 'culturgens', rasgos culturales, memes, etc. parecen equivocados, o al menos engañosos. Sus explicaciones de la transmisión cultural, altamente matematizada de manera derivada directamente de la genética de poblaciones, permanece en un nivel abstracto con poco o sin intento de aplicarlas a contenidos culturales reales..." Allott a su vez propone que el elemento básico en la creación y mantención de la cultura es el lenguaje, generador de símbolos en los que se pueden expresar todas las manifestaciones culturales del ser humano. Para este autor entonces, el origen y desarrollo evolucionario del lenguaje es el pilar que sostiene la evolución de la cultura humana. Allott rechaza las explicaciones del origen del lenguaje como un instinto que progresa en un proceso gradual bajo la acción de la selección natural en los individuos; las estructuras lingüísticas son muy complejas para ser explicadas esa manera. La tesis evolucionaria alternativa que presenta Allott es consistente con la idea de 'conversión de una función en otra', ya mencionada por Darwin mismo. Esto es, la construcción de nuevas funciones y estructuras biológicas, a partir de sistemas estructurales preexistentes que han evolucionado para cumplir ciertas funciones adaptativas.

En el caso específico del lenguaje, Allott propone una teoría motora comprensiva en su origen y evolución; como el habla – según el autor- es fundamentalmente una actividad motora, el lenguaje hace uso de estas unidades motoras preexistentes (de servicio para comer, beber, respirar), para generar unidades fonéticas ("categorías fonémicas"); las estructuras neurológicas básicas para posibilitar este nuevo programa lingüístico, ya están establecidas; se produce una coadaptación perfectamente compatible con la teoría evolutiva. El lenguaje se monta en estructuras complejas preexistentes en el sistema nervioso evolucionadas para acciones perceptuales y motoras. Allott concluye: "El lenguaje es el eslabón biológico entre los aspectos culturales y no-culturales de la evolución humana..." (15:10)

No es necesario señalar que la tesis alternativa presentada por Allott da por aceptado el supuesto de la utilización adaptativa de sistemas evolucionados para funciones diferentes, un supuesto que posee un fácil y seductor atractivo explicativo, pero que parece no tener otro sustento que la teoría de la evolución darwiniana que intenta fundamentar. Un razonamiento circular, no hay evidencia empírica de este tipo de procesos del modo que lo presenta Allott. Pero además, resulta difícil imaginar que meras funciones automáticas, motoras o perceptuales, puedan explicar el surgimiento del lenguaje que implica conciencia, reflexión y libertad creadora de símbolos y de sentido. La sola aparición de la conciencia humana, de la capacidad de vivencia —signo característico de la existencia del hombre-, no encuentra explicación lúcida y satisfactoria desde lo meramente biológico, materialmente concebido. Las unidades culturales, ya sea, conceptualizadas como memes o como unidades de conducta, emergen, se mantienen, se transmiten, cambian o eliminan por la voluntad libre y creadora de la mente humana de acuerdo a las circunstancias que lo rodean. La libertad creadora del ser humano no puede omitirse si no queremos eliminarlo en su más significativa caracterización, e irónicamente, si lo eliminamos como ser creador y de entendimiento, eliminamos el soporte ineludible de todo teorizar, con lo que todas sus especulaciones e hipótesis autodestructoras se desvirtúan y pierden validez. El hombre está condenado a hacerse responsable de su libertad.

# Bibliografía

1. Cavalli-Sforza, L. and Feldman, M. (1981). Cultural Transmission and Evolution: A Quantitative Approach, Princeton: Princeton University Press.

2. Lewens, Tim (2007).Cultural Evolution. Stanford Encyclopedia of Philosophy.
http://plato.stanford.edu/entries/evolution-cultural/

3. Wikipedia the free encyclopedia (2008. Dual Inheritance theory.

http://en.wikipedia.org.wiki/Dual_inheritance_theory/

4. Lumden, Charles J and Edward O Wilson (1981). Genes, Mind and Culture: The Coevolutionary Process. Cambridge, Mass: Harvard University Press.

5. Boyd, Robert and Peter J Richerson (1985). Culture and the evolutionary process. Chicago: University of Chicago Press.

6. Richerson P and Boyd R (2005). Not by Genes Alone: How Culture Transformed Human Evolution. Chicago: University Press.

7. Henrich J and Boyd R (2002). Culture and Cognition: Why Cultural Evolution Does Not Require Replication of Representation. Culture and Cognition, 2: 87-112.

8. Holcomb Harmon & Byron Jason (2005). Sociobiology. Stanford Encyclopedia of Philosophy.

http://www.plato.stanfordedu/entries/sociobiology/

9. Dawkins, Richard (1976). The Selfish Gene. Edition 1989. Oxford University Press. Chapter 11 en:

http://www.rubinghscience.org/memetics/dawkinsmemes.html/

10. Wikipedia (2008). Meme.
http://en.wikipedia.org/wiki/Meme/

11. Blackmore, Susan (2001). Evolution and Memes: The human brain as a selective imitation device. Cybernetics and System. Vol. 32:1, 222-255. También en:

http://www.susanblackmore.co.uk/Articles/cas01.html

12. Blackmore, Susan (2006). La thérie des mèmes: Pourquoi nous imitons les uns le autres. Entrevista Denis Failly;

http://nextmodernitylibrary.blogspirit.comarchive/2006/07/18/la-theoriedes-memes-pour...

13. Wilson, Edward O (1975). Sociobiology: the New Synthesis. Cambridge, Mass.: Harvard University Press.

14 Alexander, Richard (1996). Society has to be a network of lies and deception. Interview, University of Michigan, Ann Arbor.

http://www.froes.dds.nl/ALEXANDER.htm/

15. Allot Robin. Evolution and Culture: The Missing Link. [Extracted from: J.M.G. van der Dennen, D. Smillie and D.R. Wilson eds. 1999. The Darwinian Heritage and Sociobiology, Chapter 5, 67-81. Westport, CT: Praeger.]

http://www.perceppdemon.co.uk/evlcult.htm/

16. Ingold, Tim (1986). Evolution and social life. Cambridge: Cambridge University Press.

17. Calvalli Sforza, LL and MW Feldman (1981). Cultural Transmission and Evolution: A Quantitative Approach. Princeton NJ: Princeton University Press.

Nota: Las traducciones del inglés han sido hechas por el autor.

Capítulo V

## PSICOLOGÍA EVOLUCIONARIA

**Origen de los módulos psicológicos.**

Como ya hemos visto en capítulos anteriores, existen varias tesis para explicar la conducta humana y la cultura desde el punto de vista de la teoría de la evolución. Otra de estas tesis es la denominada Psicología evolucionaria que propone la existencia de mecanismos –programas psicológicos- internos en el funcionamiento mental del ser humano, posibles de describirse con conceptos de la psicología cognitiva. De acuerdo a esta doctrina, los programas cognitivos son adaptaciones del hombre primitivo al medio ambiente del periodo geológico del Pleistoceno, un medio que se describe como, "ambiente de adaptación evolucionaria" (Enviroment of Evolutionary Adaptedness: EEA) o ambiente ancestral; concepto que amalgama cambios geológicos, climáticos, bióticos y muy importantemente, condiciones sociales que el hombre primitivo tuvo que enfrentar reiteradamente durante su desarrollo. En otras palabras, el ambiente al que el hombre en cuanto tal tuvo que adaptarse, y que le es propio; no lo comparte con los osos o con las hormigas, ni con ningún otro organismo, aún viviendo en el mismo lugar y tiempo. Este concepto de EEA es esencial para la Psicología evolucionaria al permitir entender las adaptaciones psicológicas que estructuran la mente humana.

El comienzo de la vida humana se remonta aproximadamente 1.5 a 2.5 millones de años, de modo que la mayor parte del desarrollo evolutivo del hombre ocurre fundamentalmente en el periodo del Pleistoceno que comienza más o menos 1.8 millones de años AC y termina 12.000 años AC. Durante ese período, los seres humanos eran fundamentalmente colectores y cazadores en las sabanas africanas, y enfrentaban problemas evolutivos básicos y fundamentales, como: mantención física (búsqueda e identificación de alimentos) diferenciación individual y colectiva, apareamiento, crianza y, muy importantemente, relaciones sociales. (1:10) Las adaptaciones que el hombre primitivo efectuó en ese medio cernidas por la selección natural, se realizaron --de acuerdo a la Psicología evolucionaria-- con mecanismos cognitivos específicos, supuestamente más flexibles y certeros en la resolución de problemas particulares, que una mente central con mecanismos generales inespecíficos, equipotenciales y moldeables en forma ilimitada por el ambiente. La Psicología evolucionaria no postula la posibilidad de cambios evolutivos en los mecanismos cognitivos en épocas posteriores; un argumento para sostener esta posición es que en el periodo siguiente al Pleistoceno –Holoceno--, adviene la agricultura y con ella comienza el desarrollo cultural creciente con cambios ambientales rápidos, no suficientemente estables para la ocurrencia de adaptaciones cognitivas. (2:1)

**Operación de los módulos psicológicos.**

La Psicología evolucionaria concibe el cerebro humano como un computador diseñado por la selección natural para recoger información del medio ambiente, procesarla y elaborar diversos programas cognitivos con distintos propósitos específicos, sancionados por la selección natural para maximizar la reproducción; estos programas son una adaptación del ser humano para la resolución funcional de problemas. Los programas son responsables de la conducta explícita del hombre, y aún persisten hoy en día, aunque no cumplan necesariamente la función adaptativa que tuvieron en el ambiente de nuestros antepasados, o incluso, operen en forma desventajosa desde el punto de vista evolutivo. (3:1-2).

Cosmides y Tooby, importantes y conocidos propulsores de la Psicología evolucionaria, explican: "...todas las mentes humanas normales desarrollan una colección estándar confiable de circuitos regulatorios y de racionalidad que son funcionalmente especializados y, frecuentemente, dominio-específico. Estos circuitos organizan el modo como interpretamos nuestras experiencias, inyectan ciertos conceptos corrientes y motivaciones en nuestra vida mental, y proveen esquemas universales de significado que nos permiten entender las acciones y las intenciones de los demás." (4:3) Para estos autores, cada programa o circuito (como ellos los denominan) opera como un minicomputador, o 'módulo', dedicado a solucionar problemas particulares, realizando inferencias y deducciones de formas lógicas (algoritmos), y de contenidos; hay también módulos que integran los resultados de otros programas, de modo que: "...uno puede concebir el cerebro como una colección de dedicados minicomputadores cuyas operaciones están 'funcionalmente integradas' para producir la conducta." (4:8-9) Los módulos procesan la información ambiental, pero como son específicos, son sólo sensibles y activados por claves ambientales particulares. Para estos investigadores: "En el tiempo evolucionario [del hombre], sus circuitos fueron acumulados aditivamente porque ellos "razonaron" o "procesaron información" de modo que incrementaba la regulación adaptativa de la conducta y de la fisiología." (4:6) En este proceso, la selección natural va moldeando la 'mente' del ser humano adaptada a las circunstancias del ambiente, el ambiente del Pleistoceno.

Cosmides y Tooby están perfectamente conscientes que el hombre moderno enfrenta problemas ambientales diferentes a nuestros antepasados prehistóricos, pero salvan este escollo sosteniendo que: "Nuestra habilidad de solucionar otra clase de problemas es un efecto secundario o producto colateral de los circuitos que fueron diseñados para resolver problemas adaptativos [en el pasado]". (4:6-7) El ejemplo que mencionan los autores es el caminar en dos extremidades, una solución adaptativa fundamental del hombre primigenio; pero con esta adaptación el ser humano también adquirió sentido del balance, que lo utiliza en la actualidad para la realización de otras actividades similares, como el patinar o esquiar, y otras acciones que requieren sentido del equilibrio.

Como ejemplo de programas se mencionan, la capacidad de hablar, la capacidad de detectar mentirosos, la capacidad de leer las emociones de los demás, de reconocer a los parientes, temor a las culebras, etc. La capacidad de los varones de detectar la relación "cintura-cadera" femenina es otro curioso módulo que tiene supuestamente especial relevancia en la conducta de apareamiento. La preferencia de los hombres por una relación de cintura cadera de 0.7 indicaría la mejor posibilidad de fertilidad de la mujer. Estos módulos son susceptibles de investigarse empíricamente, así la preferencia cintura-cadera se puede estudiar presentando dibujos de figuras femeninas a un grupo de hombres, y de este modo, determinar sus gustos. Este tipo de investigaciones se han criticado por generalizar conclusiones de preferencias como módulos universales, y por no mostrar nada de la situación evolutiva inicial. (3:5)

**Universalidad de los módulos psicológicos: naturaleza humana.**

Los programas cognitivos son operacionalizados por el cerebro, sin ser partes de este órgano; para Cosmides y Tooby el cerebro es un sistema físico cuya función es procesar información: "...en otras palabras, un computador que está hecho de compuestos orgánicos (en base a carbón), en vez de chips de silicón" (4:4). Pero la Psicología evolucionaria no postula la emergencia de un programa psicológico general, de propósitos múltiples, sino que distintos programas que emergen como respuesta adaptativa particular a circunstancias específicas diferentes del ambiente primigenio de nuestros ancestros comunes. Con frecuencia se utiliza la analogía de los órganos corporales modelados por la selección natural para caracterizar la especificidad de la función de estos programas cognitivos; un órgano corporal específico es altamente especializado y eficiente con una alta contribución a la reproductividad del organismo. De igual manera sucede con los módulos psicológicos, y, como los órganos corporales, los programas son compartidos por todos los descendientes de esos seres ancestrales, son propios de la especie homo sapiens que emerge completamente formada del periodo Pleistoceno; por tanto, son universales, presentes en toda la humanidad. Cosmides y Tooby ofrecen la siguiente analogía entre módulo y órgano: "El pulso cardíaco es universal porque el órgano que lo genera es en todas partes el mismo. Esta es una explicación simple que puede ser usada también para la universalidad del intercambio social: el fenotipo cognitivo del órgano [módulo] que lo genera, es en todas partes el mismo." (4:20) Para la Psicología evolucionaria los módulos –propios de la especie humana-- constituyen la naturaleza misma del hombre, y son imprescindibles para sus intercambios sociales; de esta matriz modular depende la estructuración de la conducta social y cultural del ser humano. Los módulos constitutivos de la naturaleza humana operan como 'instintos', como 'especializaciones de resolución de problemas de contenidos específicos'.

La Psicología evolucionaria espera que el estudio y la explicación de las funciones de los mecanismos cognitivos universales proveerá las leyes psicológicas propias de la naturaleza humana. Los proponentes de la Psicología evolucionaria están profundamente convencidos que la dimensión evolucionaria es el modo por excelencia para comprender la conducta del hombre y, ofrecer, de este modo, la posibilidad de integrar con la biología y la evolución de los seres vivos, las diversas disciplinas psicológicas y sociales que describen el comportamiento humano. Y, además, el estudio de los módulos puede ser una guía para las investigaciones de la neurofisiología que los hacen posibles, que en su mayor parte permanecen desconocidos. (4:2) La Psicología evolucionaria ofrece un modo de estudiar la organización de la actividad mental y de la neurofisiología, esto es, los 'circuitos' neuronales que soportan los módulos cognitivos. De acuerdo a la Psicología evolucionaria, este es un campo abierto para la investigación empírica (5:1); la expectación en este sentido es tan elevada que Hagen afirma: "...la meta de la psicología evolucionaria es identificar todas las funciones del sistema nervioso." (6:1)

Los módulos cognitivos universales tienen un carácter ontogenético, caracterizan la naturaleza humana y se van transmitiendo genéticamente de generación en generación, puesto que estos programas son también concebidos como "circuitos" cerebrales. Para Cosmides y Tooby, la mente y el cerebro son dos aspectos complementarios de un mismo sistema, de modo que los módulos, o programas, o circuitos, resultantes de la adaptación incluye ambos aspectos, lo cognitivo mental y las conexiones neurológicas –que permiten la operación de los módulos.

**Dificultades en la invariabilidad de los módulos psicológicos.**

La Psicología evolucionaria enfatiza la presencia de módulos universales, en todos los seres humanos; Cosmides y Tooby afirman:"...cada especie tiene una arquitectura [de mecanismos adaptativos] universal, evolucionados típicamente para cada especie." (4:16) Sin embargo, la Psicología evolucionaria tiene que aceptar una excepción a esta universalidad, hombres y mujeres tienen muchos módulos adaptativos diferentes, como se muestra claramente, por ejemplo en: la elección de pareja, en las actitudes hacia los niños, etc.; de modo que cada sexo tiene su propio estilo psicológico, pero la Psicología evolucionaria sostiene que la naturaleza de cada sexo es universal. La Psicología evolucionaria postula que los módulos universales no están sometidos a variaciones genéticas significativas, sufren sólo pequeños cambios en propiedades cuantitativas que no alteran la "unidad psíquica de la humanidad." (4:16) Una justificación evolutiva de la poca o ninguna variabilidad de los módulos es que los rasgos que aumentan la capacidad reproductiva tienden a fijarse en las poblaciones que los presentan; el alelo elegido por la selección natural prevalece, se esparce en la población y alcanza un 100% de prevalencia, con lo que desaparece la variabilidad genética, y se fija el rasgo. No sucede así con los rasgos que tienen pocas ventajas para la sobrevivencia y descendencia; sin embargo, no todos los teóricos de la evolución concuerdan con la invariabilidad de los módulos, ya que un genotipo estable puede generar diferentes fenotipos según la situación ambiental, y los módulos como son expresión fenotípica, pueden haber cambiado, 'evolucionado' desde el Pleistoceno, aún sin cambio genotípico. (7:9- 10) Tampoco se acepta que las variaciones cuantitativas, que para la Psicología evolucionaria no cambian cualitativamente los mecanismos modulares básicos, sean sin relevancia evolutiva, Buller desde la perspectiva evolucionaria lo rebate, afirmando que: "...la selección [natural] actúa, y sirve para mantener las diferencias cuantitativas en los individuos de una población. Así, el dimorfismo sexual, que la Psicología evolucionaria considera como una diferencia "cualitativa", es en realidad el resultado de la selección actuando en diferencias cuantitativas en la dimensión del gameto." (7:11-12) Pero una crítica más fundamental es que la concepción de naturaleza humana como algo fijo –esencia, naturaleza- no es compatible con los principios de la teoría de la evolución, los cambios evolutivos no tienen meta fuera de maximizar la reproducción; las variaciones y la selección natural son propias de la existencia de los seres orgánicos (8). En el hombre, la cultura continúa bajo la ley de la selección natural. (7:8. 9:8)

Una dificultad obvia que enfrenta la proposición de una naturaleza humana (multitud de módulos específicos) común a todos los seres humanos, es la variación observable en los hombres: unos son pesimistas otros optimistas, unos son introvertidos otros son extrovertidos, unos son dotados para las matemáticas otros lo son para las artes, etc. Atribuir estas variaciones a reacciones al ambiente, como lo hacen los psicólogos evolucionarios, (10:14) reduce considerablemente la relevancia de la concepción de la naturaleza humana con módulos 'específicos' supuestamente gobernando casi toda la conducta humana, al dejar estas variaciones sin soporte modular significativo; variaciones que en buenas cuentas constituyen la psicología humana. Los proponentes de la Psicología evolucionaria aclaran que la universalidad psicológica del ser humano, radica en los mecanismos adaptativos –módulos cognitivos-, no en conductas concretas; estos mecanismos procesan la información ambiental y generan respuestas conductuales diferentes según las claves ambientales. Sin embargo, aún quedan sin explicación modular cognitiva muchas variaciones del ser humano; y aún más, muchas de estas variaciones son heredables, por tanto tienen respaldo genético, y de este modo son susceptibles presentar variaciones (mutaciones) y de ser blanco de la selección natural.

Para la Psicología evolucionaria las variaciones genéticas de rasgos psicológicos que ocurren en épocas recientes, no son significativos, son consideradas simplemente como artefactos [noises] evolucionarios, no como verdaderas variaciones constitutivas de lo propiamente humano. Es precisamente por esta estabilidad y universalidad de los programas cognitivos – módulos-, básicos de la naturaleza humana, que los estudios transculturales cobran tan particular importancia para la Psicología evolucionaria; pues se supone que estos estudios permiten detectar lo que es común a la especie humana, y así confirmar la tesis de las adaptaciones ancestrales de las que participan todos los hombres. (11:39)

## Tesis de la multimodularidad psicológica.

La tesis de la presencia de variados y múltiples módulos (miles según algunos autores) en la mente-cerebro humano, constituyendo una compleja estructura cognitiva, es compartida por otras corrientes teóricas de la psicología contemporánea, pero la Psicología evolucionaria intenta conectar esta arquitectura con un origen evolutivo ancestral. Esta tarea es de considerable dificultad, ya que por un lado, los estudios empíricos para delimitar y caracterizar los módulos en el hombre actual son difíciles y limitados y, por otro, la información de las características ambientales particulares del hombre primigenio es escasa, por lo que las proposiciones y conclusiones de la Psicología evolucionaria contienen inevitablemente elementos especulativos.

La arquitectura multimodular cognitiva opera bajo del nivel de la vida consciente, la conciencia es sólo el extremo visible del témpano constituido por la pluralidad de programas o circuitos que realizan la ponderación y el análisis de las situaciones en las que se encuentra el ser humano. Es esa arquitectura la que permite el despliegue de todas nuestras habilidades naturales; como explica Cosmides & Tooby: "...nuestras habilidades de ver, de hablar, de encontrar a alguien atractivo, de reciprocar un favor, de temer la enfermedad, de enamorarse, de iniciar un ataque, de experimentar indignación moral, de explorar un paraje, y una miríada de otras habilidades, son posibles sólo porque existe un vasto y heterogéneo conjunto de compleja maquinaria computacional, apoyando y regulando estas actividades". (4:2) Para la Psicología evolucionaria el hecho que los hombres de todas las culturas nazcan con la propensión a categorizar las experiencias de un modo similar confirma la hipótesis de la presencia innata de programas cognitivos adaptativos universales; sirva de ejemplo la tendencia a percibir las reacciones de los demás en términos de deseos o creencias que se observa en todos los hombres, aunque la concreción de estas motivaciones varían en los distintos pueblos y circunstancias.

La proposición de múltiples módulos cognitivos con ausencia de un centro general de respuesta al ambiente, encuentra varias objeciones, entre muchas otras, se ha señalado que la asimilación del material proveniente de los sentidos no puede ser integrado sin considerar las 'creencias' de todo el sistema del agente, sin la presencia de una 'central' que procese y decida, de un 'yo' que se haga responsable en libertad de lo que elige actuar; en otras palabras, se rechaza la posibilidad de la existencia de módulos cognitivos independientes. (3:6) Dentro del mismo ambiente evolucionista darwiniano existe controversia acerca de la multimodularidad cognitiva, algunos psicólogos sólo aceptan la existencia de unos pocos módulos cognitivos específicos, otros simplemente los rechazan completamente.

**Identificación de los módulos psicológicos.**

La identificación de las adaptaciones –módulos cognitivos-- en la mente del hombre actual no resulta una tarea sencilla, puesto que de partida estos programas no son la conducta misma, evidente y explícita, que despliegan los seres humanos; sino más bien las bases cognitivo-informática-computacional que operan desde la estructura cerebral; un programa cognitivo puede originar distintas conductas según las circunstancias ambientales. En este sentido es conveniente citar a David Buss: "Toda conducta manifiesta es una función de mecanismos psicológicos en conjunción con inputs a esos mecanismos (algunos inputs provienen del ambiente externo; algunos provienen del mismo organismo, incluyendo, actividad fisiológica e información de otros mecanismos psicológicos)." "El output de los mecanismo psicológicos puede ser actividad fisiológica, output que sirve de input a otros mecanismos psicológicos o, conducta manifiesta." (12:1-2) Sin embargo, esta diferencia entre conducta manifiesta y módulo no siempre resulta clara en la Psicología evolucionaria; por ejemplo Leda Cosmides, habla en estos términos: "...la hipótesis que el estado nauseoso del comienzo del embarazo ["pregnancy sickness"] como un producto colateral de las hormonas prenatales predice diferentes tipos de evitación de alimentos que la hipótesis [que propone] que es una adaptación que evolucionó para proteger al feto de patógenos y toxinas en los alimentos..." (13:3) En esta cita el cuadro nauseoso manifiesto (conducta) es de origen evolutivo, y no se presenta como un mecanismo, sino de una conducta manifiesta, un cuadro evidente.

Para identificar un módulo que soporta una conducta se exige que muestre integración de componentes operativos, que revele una complejidad imposible de ser explicada como resultado de una simple casualidad, sino que una complejidad que solamente se puede explicar como un diseño: producto acumulativo de la acción de la selección natural para resolver problemas adaptativos; en otras palabras, que sea una adaptación funcional evolutiva. Si utilizamos la analogía de los órganos corporales, que los mismos psicólogos evolucionarios utilizan, podríamos decir que el pulmón (módulo en el campo de la psicología evolucionaria) moviliza el aire y lo pone en contacto con membranas orgánicas especializadas (conducta en el plano psicológico), con lo que permite la asimilación de $O_2$ y la eliminación de $CO_2$ (función adaptativa en el plano psicológico). Esta acción del pulmón –oxigenar al organismo- es una función, que denominamos corrientemente función fisiológica, pero que en la mentalidad evolucionista se trata de una función adaptativa, es decir, una función resultado de la adaptación del organismo al medio para maximizar la sobrevivencia y reproducción del organismo (en el plano psicológico, los módulos o programas, o circuitos, realizan funciones adaptativas). En suma, a las funciones fisiológicas se les busca un origen evolutivo; del mismo modo, a las funciones psicológicas corrientes (memoria, aprendizaje, discernimiento, etc., etc.) se les busca el origen evolutivo como funciones adaptativas.

## Causas inmediatas y causas remotas o funcionales del módulo

Las causas inmediatas –'próximas'- de una conducta es el programa cognitivo que gesta y sostiene la conducta, pero la determinación de la 'función' adaptativa –causas 'remotas'- requiere de la aplicación de los conceptos de la teoría de la evolución (variación adaptativa y selección natural) para comprender evolutivamente el módulo y la conducta que origina. Para ejemplificar esta situación, consideremos el módulo del temor a las culebras (¿conducta o módulo?); la 'función' adaptativa de este temor se entiende verdaderamente si podemos imaginar ('conocer') las condiciones ambientales del hombre primitivo, viviendo en medio de los bosques vírgenes con toda clase de alimañas y peligros. Una vez que se establece que el temor a las culebras y arañas cumplió una función adaptativa, aumentando la capacidad de sobrevivencia y de reproducción del hombre primitivo, se pueden diseñar estudios transculturales para determinar si en verdad el ser humano posee este módulo innato universal, la capacidad cognitiva de reconocer y evitar el contacto con esos animales. (14:2-3).

## Circularidad en la identificación de los módulos

El proceso de identificación de los módulos cognitivos como estructuras de adaptación parece envolver un cierto grado de circularidad. En primer lugar se supone que existen módulos subyacentes a la conducta explícita, estos no son evidentes, salvo que se tome la conducta como punto de partida, como en el caso del estado nauseoso de la embarazada o el temor a las culebras, citados más arriba. Los módulos son un constructo teórico sin base experimental, ni neurofisiológica, son una concepción de la mente humana, por lo que su valor científico dependerá de su capacidad explicativa y, primordialmente, de su capacidad predictiva de conductas. Luego, hay que determinar los rasgos que la adaptación psicológica –módulo-- debe tener para resolver un problema específico, aumentando la reproductibilidad del individuo en el ambiente del Pleistoceno en donde se supone que se gestó el módulo. Por último, se busca la evidencia directa o indirecta de la presencia actual de los rasgos del módulo en la conducta del hombre contemporáneo. (15:1) Se comienza teorizando que existen módulos, luego se determinan sus características para resolver problemas en el Pleistoceno, pero que se conciben en su mayoría desde la situación conductual del hombre actual (miedo a las culebras, capacidad de detectar al tramposo, capacidad de viajar en zonas desconocidas, etc.), y se proyecta de la situación presente a la prehistoria; y, por último, se cierra el círculo buscando la evidencia del módulo en el hombre contemporáneo, o se reinterpreta la conducta inicial actual con una hipótesis adaptacionista –supuestamente biológica por favorecer la sobrevida y la reproducción, y estar injertada en la Teoría de la Evolución de los organismos Las hipótesis de adaptación cobran valor si predicen comportamientos humanos, pero los críticos de la Psicología evolucionaria señalan que estas predicciones son de conductas cotidianas, generalmente también explicadas por otras teorías psicológicas; además, hay que tener presente que las hipótesis adaptativas han sido conformadas de acuerdo a lo que se sabe del hombre actual proyectado a situaciones hipotéticas del hombre ancestral (circularidad). Los psicólogos evolucionarios insisten que se han descubierto fenómenos desconocidos para psicólogos de otras vertientes teóricas. David Buss, por ejemplo, cita numerosos ejemplos de hipótesis adaptacionistas que han recibido fuerte apoyo empírico, como: "Mayor deseo de sexo casual con distintas parejas, en hombres que mujeres......Preferencia de las mujeres de aparearse con hombres con recursos......Preferencia de los varones por aparearse con mujer joven y sana...estándares universales de la atracción femenina ligada a señas de fertilidad (señas de juventud, señas de salud, baja relación cintura-cadera)...Amor como adaptación de apareamiento prolongado...Mecanismos de evitación de incesto; etc." (12:73) Este autor también afirma que la Psicología evolucionaria ha descubierto nuevos fenómenos no conocidos por otras corrientes psicológicas, como las diferencias de las reacciones de celos en hombres y mujeres, y los cambios psicológicos que ocurren alrededor de la ovulación de la mujer. (12:74) Cualquiera que pueda ser el valor de este tipo de estudios en torno a la sexualidad humana primaria, no garantizan que la estrecha mira de las investigaciones evolucionarias y su velada circularidad, contribuyan significativamente a la comprensión de la rica y compleja psicología del ser humano. Tampoco el hallazgo de tendencias conductuales comunes a los hombres de distintas culturas ratifica las hipótesis adaptativas de corte darwiniano, más bien la teoría de la evolución se toma como un supuesto fundacional de la tesis adaptativa. No obstante, la actividad teórica y de investigación de la Psicología evolucionaria han mostrado áreas de especial interés para el estudio psicológico del ser humano, como son: apareamiento, coalición social, amistad, parentesco, jerarquías sociales en términos de status, prestigio, y reputación, básicos en el comportamiento de los seres humanos. (16:9) Claro está, estos temas pueden estudiarse sin tener que recurrir a interpretaciones evolucionarias como lo propone la Psicología evolucionaria; se pueden conceptualizar y contextualizar de manera diferente.

**Adaptación en la Psicología evolucionaria.**

La adaptación es un concepto central de la Psicología evolucionaria. Se considera que el ser humano actual está adaptado al medio como si hubiera sido diseñado para las circunstancias que lo rodean, el hombre se mueve y actúa con facilidad y espontaneidad en su ambiente gracias a las múltiples adaptaciones –"máquinas de resolución de problemas": módulos cognitivos- que subyacen y guían su conducta. (4:14) Para el psicólogo evolucionario estas adaptaciones –módulos--

son muestra clara y evidente de la acción de la selección natural en nuestros antepasados; se trata de adaptaciones a la presión ambiental persistente o recurrente del pasado distante que fueron seleccionadas por incrementar el poder reproductivo de los individuos. Para realizar un análisis evolutivo apropiado de estas adaptaciones es necesario referir la función adaptativa del módulo al medio del Pleistoceno cuando se constituyeron los programas cognitivos. De modo que, la tarea de la Psicología evolucionaria consiste en analizar la mente humana para identificar las adaptaciones –programas, módulos-, encontrar su función adaptativa rastreando su origen evolutivo en tiempos prehistóricos; una tarea que se puede describir como una especie de 'ingeniería al revés'. Para Cosmides & Tooby: "La Psicología evolucionaria se puede pensar como la aplicación de la lógica adapcionista al estudio de la arquitectura de la mente humana." (4:13) Buss por su parte enfatiza:"No existe tal cosa como "psicología no evolucionaria", puesto que no se conocen otros procesos causales, fuera de los evolucionarios capaces de producir los complejos organismos que caracterizan a la psicología." (17:2)

La perspectiva adaptacionista tomada por la Psicología evolucionaria, ha sido también criticada por otros teóricos de la evolución, ya sea porque algunos piensan que la selección natural opera en la conducta y no en los módulos o mecanismos subyacentes al comportamiento humano; o, porque la ingeniería al revés de esta disciplina se presta para elaborar historias evolutivas especulativas (explicaciones post hoc no verificables), sin control observacional ni experimental; o simplemente, porque se considera esta aproximación adapcionista demasiado estrecha, dependiendo exclusivamente de la selección natural sin considerar otras fuentes de cambio como el desplazamiento [drift] genético (variaciones fortuitas de genes, ambiente o desarrollo). También se critica el proceso de adaptación por no determinar las presiones selectivas presentes en el medio Pleistoceno que modelaron la adaptación;

lo que es muy difícil de realizar, en gran medida por falta de información adecuada, y por no ser posible la observación ni la experimentación de la situación evolutiva. (3:10. 9)

## Limitaciones de la Psicología evolucionaria.

La concepción de la evolución de la Psicología evolucionaria, como hemos señalado más arriba, es altamente controvertida entre los adherentes a la teoría de la evolución. Un punto que levanta especial controversia es la eliminación de la selección natural en tiempos recientes y darla prácticamente por acabada; tampoco hay acuerdo en que las condiciones ancestrales fueron suficientemente estables para permitir la conformación de la 'naturaleza' cognitiva del hombre; ni tampoco todos concuerdan con las hipótesis de las investigaciones propuestas por la Psicología evolucionaria para apoyar su tesis. Además, se ha mencionado la interferencia político-ideológica en el diseño de los estudios e interpretación de los resultados de la Psicología evolucionaria (violación, homosexualidad, violencia, etc.). Otra crítica frecuente a esta disciplina es la eliminación que hace de la cultura, que de acuerdo a la tradición darwiniana sigue las leyes de la selección natural, la Psicología evolucionaria la trata como mero resultado de la operación de los mecanismos psicológicos adaptativos evolutivos, fijos y estrechos, y en buena parte, muy especulativos. (18)

Los psicólogos evolucionarios defienden su disciplina sosteniendo que la Psicología evolucionaria es el modo apropiado de estudiar la psicología humana como producto de la evolución (ignorando las críticas de otros teóricos de la evolución), y que en modo alguno su disciplina propone el status quo de la sociedad (12:72), señalan que la Psicología evolucionaria es una ciencia descriptiva, no opuesta a los cambios sociales, ni a la justicia, ni al progreso.

Para poder cambiar, argumentan los psicólogos evolucionarios, es necesario saber de dónde partimos y como operamos. Sin embarg o, en verdad resulta difícil aceptar esta defensa cuando la naturaleza del hombre se propone como fija, constituida por módulos específicos de adaptación; todo está previsto desde los tiempos ancestrales por la maquinaria modular. David Buss por ejemplo sostiene que el hombre puede cambiar el ambiente, y con ello, evitar el desencadenamiento de conductas adaptativas consideras inaceptables; pero entonces cabe preguntar ¿qué módulo, o más bien, qué elemento de la psicología humana es ése que permite evaluar éticamente las situaciones y manejar la expresión espontánea predeterminada de la 'naturaleza' humana?

¿De dónde surgen la autonomía frente a las propias reacciones modulares, la capacidad de actuar y modificar el medio, la capacidad de elección que libera al ser humano de su propia 'naturaleza' hecha de la integración de complejos mecanismos psicológicos de solución de problemas particulares operando como computadores que responden a claves específicas del medio? La capacidad ejecutiva del hombre que valora y elige dentro de sus circunstancias, es un capítulo fundamental en cualquier psicología que intente describir y comprender a la criatura humana, pero esta no es un área satisfactoriamente tratada en la Psicología evolucionaria.

La Psicología evolucionaria recurre a muchos supuestos discutibles y a evidencias circunstanciales, como se puede apreciar en la tesis de las características del ambiente ancestral (ambiente de adaptación evolucionaria) y de la dinámica propuesta de los miembros del género homo con este medio primitivo. Las hipótesis derivadas de esta situación, son tentativas y especulativas, y claramente sin posibilidad de realizar observación directa, ni de manipulación experimental; (19,44:47-52) sólo descansan en los limitados avances de la paleontología y antropología, y se conforma en base a las características del hombre actual. El apoyo más importante de estas hipótesis evolutivas (adaptativas), parece ser la mera plausibilidad dentro del esquema propuesto por la teoría de la evolución darwiniana.

La Psicología evolucionaria postula que con estudios transculturales e investigaciones empíricas acerca de la conducta del hombre moderno puede confirmar sus hipótesis y el fundamento evolutivo de su teoría; Shapiro explica: "...los módulos psicológicos causan [en la actualidad] la conducta que habría sido adaptativa en el ambiente evolucionario adaptativo (EEA)." (10:8) Este autor cita como ejemplos de estos estudios que pueden confirmar o descartar hipótesis de la adaptación ancestral de módulos: el rechazo que expresa la gente por la idea de incesto, la mayor incidencia de violencia entre niños y padrastros que entre niños y padres biológicos, preferencia de los hombres de fantasear sexualmente con mujeres más desinhibidas y promiscuas, preferencia de las mujeres por hombres fuertes y de alta posición, etc. (10:9) Pero estas investigaciones, no sólo han sido criticadas metodológicamente, sino que están condicionadas por la tesis que pretenden confirmar (psicología evolucionaria) y sus supuestos, así como lo están también, la interpretación de los resultados.

Además, estas investigaciones no están exentas de trazos de circularidad, por lo que en su mayoría 'confirman' lo que son observaciones comunes para la psicología actual, posibles de ser explicadas por otras interpretaciones teóricas.

Los estudios actuales se consideran como relevantes para confirmar o descartar hipótesis de adaptaciones originadas en el Pleistoceno, porque la naturaleza humana es estable desde entonces y, porque se estima que el ambiente actual comparte elementos comunes con el EEA del Pleistoceno como son: el apareamiento, el embarazo de la mujer, la presencia de predadores, de hombres, de niños, de parásitos, y de todas las condiciones físicas del planeta que hacen posible la vida humana (considérese la circularidad mencionada). Por otra parte, aunque se encuentren similitudes entre el ambiente ancestral del ser humano (EEA) y el actual, tenemos que aceptar que tienen que existir diferencias significativas, ya que de lo contrario no tiene sentido la insistencia de la Psicología evolucionaria de precisar el Pleistoceno como el período particular en que ocurrieron las adaptaciones psicológicas. No puede tratarse simplemente de una coincidencia entre la etapa prolongada de desarrollo del ser humano y este período geológico; y esas diferencias –si existentes- son muy difíciles de estudiar, aparte de los dramáticos cambios emergidos posteriormente con el advenimiento de la agricultura y de la acumulación progresiva de la cultura. En otras palabras, o existieron condiciones especiales en el Pleistoceno, y éstas no se conocen adecuadamente o, no existieron en rigor condiciones muy distintas entre nuestro tiempo y el Pleistoceno fuera de los productos culturales, lo que significaría que la emergencia de la cultura marca una diferencia significativa, lo que exige explicar evolutivamente su aparición, su transmisión e incremento, y su efecto en el desarrollo y comportamiento del ser humano. Porque de hecho el hombre ha cambiado su ambiente y su vida, y una psicología no puede ignorarlo, como parece hacerlo la Psicología evolucionaria al enfatizar las adaptaciones del Pleistoceno explicando la conducta del hombre actual.

## Conclusión

En suma, la tarea que se propone la Psicología evolucionaria es entender la conducta humana, la psicología en general, desde el punto de vista de la teoría de la evolución darwiniana; su argumento básico es que somos seres productos de la evolución, de modo que la única manera de comprender el comportamiento del hombre es mediante los conceptos fundamentales de la evolución, de la evolución darwiniana; los psicólogos evolucionarios, piensan que simplemente no hay otra manera de hacerlo. Para este propósito la Psicología evolucionaria recurre a fragmentar las manifestaciones psicológicas del hombre en módulos operativos específicos a los que busca su función adaptativa para resolver problemas fundamentales del ser humano, aparecidos durante las etapas iniciales de su desarrollo en el Pleistoceno. En este proceso la Psicología evolucionaria distingue en un primer nivel la conducta manifiesta actual del ser humano; luego el nivel de los mecanismos procesadores de información –módulos--, y un tercer nivel que corresponde al soporte estructural de estos módulos funcionales que es el cerebro y sus circuitos neuronales. Estos tres niveles no siempre aparecen bien diferenciados, sino más bien confusos y equivalentes. Habría que agregar un cuarto estrato que correspondería al nivel genético, al complejo de genes que 'construye' al cerebro como computador, y a los genes que permiten y fijan los módulos específicos, que son adaptaciones a ciertas condiciones de interacción ambiental, también específicas. La complejidad, la interacción y la dificultad de diferenciar los estratos de esta arquitectura presentada por la Psicología evolucionaria, genera problemas conceptuales intrínsecos, y dificultades con la biología y la genética (ver referencia 7:5-7, 11-12), así como también problemas desde el punto de vista filosófico, incluyendo la situación de la libertad de la acción humana voluntaria que desaparece en la logística computacional del proceso modular propuesto por la Psicología evolucionaria. A este respecto baste citar a Buss en referencia al libre albedrío:"Tenemos el sentir subjetivo que nosotros –y ninguna otra cosa—controla nuestro destino. La noción de que de algún modo nuestros genes o nuestros mecanismos evolucionados nos están controlando –o que somos nuestros mecanismos evolucionados—es ajena [a nuestro sentir o creencias]" (16:5-6). El tema de la libertad del hombre, de la responsabilidad de la conducta voluntaria, de la verdad, de la ética, son de suma importancia en cualquier teoría que intente dar cuenta del comportamiento humano, pero no es el propósito de este trabajo revisar estos aspectos.

Sin embargo, tal vez es oportuno mencionar las críticas surgidas en la disciplina filosofía de la mente, de los intentos teóricos que conciben al cerebro como una computadora, y a la mente como un programa computacional –software.

Estrictamente hablando, un programa computacional -software-, como señala Searle:"...es definido enteramente en términos de procesos simbólicos o sintácticos, independientes de la hardware [aspecto físico del aparato]" (20:13), por lo que un mismo programa se puede implementar en un indefinido rango de hardwares, esta situación constituye el principio de "múltiple realizabilidad" de los programas computacionales. Una mente no puede presentarse como un programa computacional (procesos simbólicos, sintácticos), ya que no capta la presencia de los contenidos semánticos de la actividad mental (sentimientos, emociones, pensamientos, etc.). Cosmides & Tooby hablan de "circuitos" -conexiones neuronales-, y utilizan la analogía del cerebro como un computador; pero también hablan de módulos que utilizan el cerebro, o sea como un programa, lo que resulta inadecuado y confuso de acuerdo a las críticas de Searle; sirvan de ejemplo estas citas de Cosmides & Tooby: "Los neurocientistas estudian la estructura física de tales aparatos [circuitos], y los psicólogos cognitivos estudian los programas procesadores de información, realizados por esa estructura." (4:13) "De hecho, uno puede pensar de estos sistemas computacionales de múltiples propósitos 'como instintos razonadores' e 'instintos de aprendizaje.'" (4:11) En esta última cita, los módulos son presentados como computacionales, y además, no como meros procesos lógicos generales, sino como sistemas capaces de coger y discernir aspectos específicos de los contenidos de las experiencias (más allá de lo formal sintáctico), al punto que utilizan la analogía de los instintos para describirlos; una afirmación que aleja los módulos de la analogía con el computador, y coloca la concepción de estos programas cognitivos adaptativos en una situación conceptual diferente a una software; ya no se trataría de una relación mente cerebro de tipo computador/software, sino una relación mente y estructura neurofisiológica: circuito neuronal. Cosmides & Tooby intentan salvar las ambivalencias en torno a los conceptos de mente y cerebro que surgen al especificar los términos propuestos, conceptualizando esta relación como dos aspectos complementarios de un mismo sistema; sin embargo los módulos (mente-función) y el cerebro (circuitos neuronales) no son idénticos, pero los autores los presentan en forma intercambiable y equívoca, quizás para tener la ilusión que se ha resuelto el peliagudo problema de la relación mente cerebro que se resiste tenazmente a darse por desaparecido.

Se puede concluir que los conceptos de la teoría de la evolución darwiniana no encuentran en el terreno de la Psicología evolucionaria, un campo fértil que contribuya a afianzarla en la comprensión de la conducta humana; las dificultades conceptuales, teóricas y prácticas, que presenta esta disciplina son numerosas y serias. La Psicología evolucionaria toma los conceptos de la teoría evolutiva como dados y válidos, y los aplica a la conducta humana para encontrar su origen evolutivo. Se puede afirmar que la teoría de la evolución darwiniana no puede sustentarse en la 'evidencia' proporcionada por la Psicología evolucionaria para fortalecer sus pretensiones absolutistas. Por el contrario, las debilidades de la Psicología evolucionaria encuentran protección en la credibilidad que pueda tener la teoría de la evolución darwiniana que guía su dirección teórica e inspira la formulación, e interpretación de las investigaciones empíricas.

**Bibliografía**

1. Wikipedia (2008). Evolutionary psychology.

http://en.wikipedia.prg/wiki/Evolutionary_psychology/

2. Hagen, Edward H (2002).Why couldn't humans have evolved during the last 10,000 years? The Evolutionary Psychology FAQ. Institute for Theoretical Biology, Berlin.

http://www.anth.ucsb.edu/projects/human/epfaq/holocene.html

3. Downes, Stephen M (2008). Evolutionary Psychology. Stanford Encyclopedia of Philosophy.

http://plato.stanford.edu/entries/evolutionary-psychology/

4. Cosmides, L & Tooby L (1997). Evolutionary Psychology: A Primer. Center for Evolutionary Psychology.

http://www.ucsb.edu/research/cep/primer.html/

5. Hagen, Edward H (2002). What is the EEA and why is it important? The Evolutionary Psychology FAQ. Institute for Theoretical Biology, Berlin.

http://www.anth.ucsb.edu/projects/human/epfaq/eea.html

6. Hagen, Edward H (2002) What is adaptation? The Evolutionary Psychology FAQ. Institute for Theoretical Biology, Berlin.

http://www.anth.ucsb.edu/projects/human/epfaq/adaptation.html

7. Buller, David . Evolutionary Psychology. Northern Illinois University. Societa Italiana Filosofia Analitica. A Field Guise to the Philosophy of Mind.

http://host.uniroma3.it/progetti/kant/field/ep.htm

8. Sober E (1980). Evolution, Population Thinking, and Essentialism. Philosophy of Science 47: 350-383.

9. Buller D (2005). Adapting Minds: Evolutionary Psychology and the Persistent Quest for Human Nature. Cambridge, Ma:MIT Pres.

10. Shapiro, Lawrence (2008). Evolutionary Psychology. Philosophy Department, University of Wisconsin.

http://philosophy.wisc.edu/shapiro/HomePage/EvPsych.pdf/

11. Tooby, J & Cosmides, L (2005). Conceptual Foundations of Evolutionary Psychology, en The Handbook of Evolutionary Psychology., D. Buss (ed). Hoboken, NJ: Wiley.

12. Buss, David (2006). Teaching Evolutionary Psychology: An Interview With David M. Buss. By Lewis Baker. The Generalist's Corner.

Http://homepage.psy.utexas.edu/homepage/Group/BussLAB/pdffil es/teaching_evolutionary_psychology_2006.dpf/

13. Wikipedia (2008). Evolutionary psychology controversy.

http://en.wikipedia.org/wiki/Evolutionary_psychology_controversy

14. Hagen,Edward H (2002). What is evolutionary psychology? The Evolutionary Psychology FAQ. Institute for Theoretical Biology, Berlin.

http://www.anth.ucsb.edu/projects/human/epfaq/ep.html

15. Hagen, Edward H (2003). How can we identify psychological adaptations? The Evolutionary Psychology FAQ. Institute for Theoretical Biology, Berlin.

http://www.anth.ucsb.edu/projects/human/epfaq/design.html

16. Buss, David (1996). In conversation with David Buss. The evolutionist. Interview, London, October 31, 1996.

http:///www.1se.ac.uk/collections/darwin/evolutionist/buss.html/

17. Buss, David (2004). Courage, not denial: An interview with Dr David Buss, by Bernard Chapin.

http://www.enterstageright.com/archive/articles/0204/0204bussinterview.htm

18. Holcomb HR (1996). Moving Beyond Just-So Stories: Evolutionary Psychology as Protoscience. Skeptic, 4, No. 1:60-6

19. Gould, Stephen Jay (1997). Evolution: The Pleasures of Pluralism. New York Review of Books.

20. Searle, John (2003). Philosophy in a New Century.

http://www.pdcnet.org/pdf/Searle.pdf

Nota: Las traducciones del inglés han sido hechas por el autor.

Capítulo VI

## PSIQUIATRÍA EVOLUCIONARIA

Algunos sectores de la psiquiatría han recibido con gran entusiasmo la aplicación de los principios de la teoría de la evolución darwiniana a los fundamentos teóricos y prácticos de la disciplina. La situación fragmentada y confusa de los conceptos básicos de la especialidad, la insuficiencia de la nosología y el reduccionismo biológico imperante incapaz de resolver satisfactoriamente los problemas diagnósticos y terapéuticos, encuentran en el paradigma evolutivo la esperanza de un marco de referencia conceptual que integre y cohesione la teoría y la práctica de la psiquiatría. Si el hombre es producto de la evolución de los seres orgánicos, si el hombre es meramente uno más dentro de la totalidad de los organismos vivientes en evolución, entonces – argumentan los psiquiatras evolucionarios-- los conceptos darwinianos (o neo-darwinianos) ofrecen la mejor, por no decir la única, avenida científica para estudiar y entender biológicamente el desarrollo del cerebro humano y el comportamiento normal y patológico del hombre.

**Desorden mental desde la perspectiva evolucionaria.**

La definición de los desórdenes mentales en el DSM IV toma muy seriamente el problema de la confiabilidad del diagnóstico (concordancia de los diagnósticos), un valor que se considera fundamental y perentorio para evitar caos y elucubraciones teóricas, y permitir la realización de estudios e investigaciones posibles de ser comparadas. Para lograr esta confiabilidad se recurre a la simple y cruda descripción –observacional--, del número, severidad y duración de síntomas y signos, ignorando el contexto en que se presentan; aunque la aproximación bíopsicosocial al diagnóstico intenta, en la práctica imperfectamente, relacionar el cuadro sintomático con la situación psicosocial que enfrenta el paciente. Las deficiencias de la nomenclatura psiquiátrica sirven como un punto de partida a argumentos críticos de los psiquiatras evolucionarios. Jerome Wakefield (1) por ejemplo, critica la clasificación presente señalando que, si bien es cierto que con esta nosología se gana en confiabilidad, se pierde en validez conceptual (el concepto incluye sólo lo que se intenta incluir), ya que con esta descripción empírica, los desórdenes mentales se desvinculan del contexto en que surgen, lo que no permite determinar si el cuadro sintomático es una reacción 'normal' a las circunstancias --siguiendo mecanismos aprendidos para tal fin--, o, estos síntomas son el reflejo de una verdadera alteración funcional natural del organismo. Además, este tipo de clasificación 'descriptiva empírica' desvincula el cuadro sintomático de sus bases biológicas, lo que aleja a la psiquiatría del resto de la medicina; un efecto contrario a la intención del DSM IV (2:160)

Para resolver los problemas y superar las insuficiencias de la clasificación de los desórdenes mentales, Wakefield (1:149) propone que la definición de un desorden mental esté basado en dos dimensiones básicas: función -- naturalmente seleccionada-- alterada, y un juicio negativo de valor en base al estándar sociocultural imperante; de esta manera, un desorden mental es una alteración dañina de una función natural ("harmful dysfuction"); las funciones mentales están basadas en mecanismos internos aún no claramente identificados. Así definido el desorden mental queda firmemente anclado en lo biológico, que de acuerdo a la teoría de la evolución darwiniana, es lisa y llanamente, producto evolutivo. De este modo, sostiene Wakefield, la psiquiatría se sitúa primariamente dentro de la esfera médico-biológica y ya no caben las críticas de la antipsiquiatría que la tildan de ser un instrumento meramente político-social de control y dominio. El fundamento biológico permite a la psiquiatría delimitar legítimamente lo patológico de lo que es simplemente una reacción normal del ser humano; las clasificaciones descriptivas empíricas, de acuerdo a este autor, no tienen fundamento para este diagnóstico diferencial. Es importante notar que Wakefield habla de dos aspectos no claramente diferenciados: función y mecanismos internos.

### Análisis de alteración dañina de la función natural.

Wakefield (1:150) aplica el 'análisis de alteración dañina de una función natural' (y sus mecanismos básicos) tanto a la medicina física como a la psiquiatría; este autor explica: "Uso [los vocablos] "mecanismos internos" como un término general para referirme, tanto a estructuras físicas y órganos, como a estructuras mentales y disposiciones, tales como mecanismos motivacionales, cognitivos, afectivos, y perceptuales." (1:150) Wakefield no hace distinciones entre estructuras orgánicas/físicas y mentales, para evitar caer en un dualismo cartesiano; para sus fines, ambos aspectos, el físico y mental, son equivalentes. Una estrategia sobre la que no hay acuerdo, particularmente con respecto a la subjetividad de la experiencia humana de tan particular importancia en la práctica de la psiquiatría, y que es imposible hacerla equivalente con lo físico.

### Valoración social.

La dimensión valorativa que define un desorden mental está dada por los valores sociales que califican el trastorno como un cuadro patológico que requiere atención profesional. Wakefield (1:151) menciona lo que suele denominarse anomalías menores, como angiomas, corazón en posición revertida, albinismo simple, son considerados no dañinos, y por tanto no constituyen un desorden médico, aunque en estos casos existan 'alteraciones funcionales' de un sistema seleccionado en el proceso de la evolución. Tampoco es lícito, de acuerdo a este autor, denominar como desorden mental a un cuadro o conducta considerado dañino por el consenso social, en la ausencia de una alteración de una función natural –de un hecho biológico--, aunque cause pesar y sufrimiento, como es la situación del duelo y muchos otras (secundarias a ignorancia, falta de talento, insuficiente entrenamiento, criminalidad, debilidad moral, infidelidad, poligamia, etc.).

## Función natural

Para dilucidar una función, Wakefield (1:151) señala que hay tener presente que se trata de un fenómeno natural --biológico--, no dependiente de las intenciones del ser humano; las funciones naturales son propias de todos los hombres. Las alteraciones interpersonales, como las de pareja o las de jerarquía social, son perturbaciones psicosociales, y no son por tanto para Wakefield, alteraciones de una función natural.

Las funciones naturales, escribe Wakefield: "son atribuidas frecuentemente a mecanismos mentales inferidos que pueden ser aún no identificados..." (1:151); Esto es, no se conocen las bases neuroquímicas ni neurogenéticas de las funciones mentales, lo que para algunos críticos de la psiquiatría evolucionaria constituye una deficiencia seria, aún desde el punto de vista evolucionario mismo, porque al carecer de asiento cerebral concreto no se pueden comparar sus proposiciones con la biología de otros mamíferos. (3:777)

Wakefield ejemplifica una función natural alterada con la alucinación, un fenómeno que corresponde para el autor, a una perturbación del sistema perceptual, cuya función es captar y entregar al organismo, información del medio ambiente. Pero se puede argumentar con respecto a este ejemplo de Wakefield que es posible imaginar un paciente con alucinaciones auditivas que tenga los instrumentos perceptuales perfectamente intactos, y la alucinación no sea más que un fenómeno mental, más que propiamente perceptual como sería el caso de un paciente que alucina por alteraciones del sistema perceptual (problemas neurológicos o de intoxicación), y tenga conciencia de la anormalidad del fenómeno. Consideraciones similares se pueden hacer al otro ejemplo que presenta Wakefield con respecto a la racionalidad, que la caracteriza como la capacidad de inducir y deducir, y que se quiebra en un estado psicótico; en este caso se trataría de una alteración de la función racional. Pero podemos imaginar un paciente paranoide que sea un buen matemático, y sufrir un delirio de persecución, celotipia por ejemplo; el trastorno no radica en la función racional de inferencia y deducción, sino en el significado de lo que percibe o imagina el enfermo en algunas áreas de su vida.

Lo que intento mostrar con estos comentarios es que determinar y precisar la función mental alterada en muchas enfermedades mentales no resulta fácil, porque afirmar –como se hace en los ejemplos anteriores- que las alucinaciones y los delirios son meras alteraciones de la función perceptual y de la función racional (capacidad de inferir y deducir) respectivamente es, o un truismo tosco si no se hace un examen fino de la psicopatología, o envuelve una imprecisión que no permite basar la definición de desorden mental en una conceptualización sólida que haga justicia a la complejidad de la psicopatología, y pueda guiar productivamente las investigaciones. Naturalmente esto no significa que un desorden mental no implique la alteración de lo que se considera en términos generales, funcionamiento normal del ser humano.

Definir un desorden mental particular en base a alteraciones de funciones naturales específicas resulta difícil por la complejidad de la mayoría de las perturbaciones mentales, e implica ineludiblemente consideraciones teóricas acerca de la arquitectura funcional mental. Además, hay que tener presente que para dilucidar las funciones alteradas de un desorden mental hay que comenzar identificando la conducta manifiesta que se considera patológica; en otras palabras, se requiere un acuerdo en lo que constituye un desorden mental para luego precisar las funciones que se consideran alteradas, lo que exige una aproximación teórica particular. De modo que esta proposición básicamente constituye un paso atrás con respecto al simple acercamiento 'empírico' del DSM que define el desorden mental en base a sus manifestaciones observables, limitando en lo posible la elucubración teórica.

**Analogía de función y órgano.**

Wakefield, como los psicólogos evolucionarios, recurre a la analogía con los órganos corporales para ilustrar y, sin duda, para fortalecer el concepto de función en el difícil terreno de lo psicológico-mental. El autor ofrece el siguiente modo de analizar la 'función natural' (cuidadosamente expresado, italizado en el original): "…una función natural de un órgano u otro mecanismo es un efecto del órgano o mecanismo que entra en la explicación de la existencia, estructura o actividad del órgano o mecanismo." (1:152) Esta es una definición ambigua y confusa, ya que se colocan epistemológicamente (y también ontológicamente, lo que implica una concepción metafísica) a un mismo nivel, lo físico y lo mental. En medicina física los órganos son partes anatómicas funcionando, son observables, fácilmente medibles, empíricamente verificables y susceptibles de investigación experimental controlada, con lo que se puede determinar su función. Pero esta no es la situación de las 'funciones mentales', estas funciones no son todas fáciles de caracterizar, y menos aún los "órganos' o mecanismos desconocidos que supuestamente las soportan.

En fisiología la función de un órgano se infiere más bien de su observación, de la observación del corazón se desprende su función: movilizar la sangre. Tampoco se puede desprender la existencia concreta del corazón del simple movimiento sanguíneo, sólo se podría inferir de la existencia de una causa de este fenómeno, pero no un órgano concreto. En psiquiatría no tenemos 'órganos' ni mecanismos que se observen directamente para desprender sus funciones; y las funciones mentales, en muchos trastornos psiquiátricos, son difíciles de dilucidar y de precisar en forma pertinente, para aplicarlas a la complejidad de la psicopatología. En esta situación, no se pueden inferir mecanismos –'órganos'-- mentales, biológicos concretos, salvo en forma hipotética e imprecisa, por lo que no se pueden presentar funciones específicas, ni mecanismos desconocidos o hipotéticos, como hechos dados y fundacionales para una nosología psiquiátrica objetiva. Las funciones en salud mental, en su mayoría, parecen ser más bien hipótesis elaboradas para comprender un estado de cosas compleja, no palpable, ni fácil de manipular experimentalmente. Si una función y el mecanismo desconocido o pobremente conocido que expresa, terminan siendo más bien hipotéticos, ya no se les puede considerar como hechos evidentes, nítidos, discretos y perfectamente objetivos de evidencia incontestable, en los que se pueda fundamentar en forma firme y convincente la definición de los desórdenes mentales; lo hipotético se formula desde concepciones teóricas y procedimientos determinados.

## Función normal y función alterada.

Tanto la medicina física como la psiquiatría han señalado las dificultades en el deslinde de lo funcional y de lo no funcional (lo normal y lo anormal), concentrándose más bien en un continuo entre lo plenamente funcional y lo claramente alterado, entre los cuales queda una zona borrosa de transición (4:165. 5:157); basta recordar la distinción de duelo como reacción normal y el duelo patológico. Wakefield reconoce estas dificultades cuando comenta: "...descubrir lo que es de hecho natural o no-funcional....puede ser difícil y puede estar sujeto a controversia científica, especialmente con respecto a mecanismos mentales, acerca de los cuales somos todavía muy ignorantes." (1:152) Sin embargo, el autor sostiene que a pesar de estas dificultades, el concepto puede ser útil, y ejemplifica con el dormir, del cual poco sabemos de sus funciones y de sus mecanismos subyacentes. Pero, resulta difícil negar que el sueño –escribe--, no sea: "...un fenómeno normal, biológicamente diseñado y no un desorden; la evidencia circunstancial nos permite distinguir algunas condiciones normales versus anormales relacionadas al dormir a pesar de nuestra ignorancia." (1:152). En verdad podemos aceptar que hay funciones básicas específicas de los seres humanos como son el dormir, el comer, el copular, etc., y que pueden alterarse; en estos casos dudo que exista oposición a descripciones de este tipo en medicina, pero al extenderlas a toda la psicopatología como se propone, se entra ineludiblemente en dificultades conceptuales e hipótesis muy cuestionables, sobre todo cuando se intenta darles un origen evolutivo de carácter darwiniano.

Es importante señalar que función y conducta manifiesta no son sinónimos, puesto que con distintas conductas se puede satisfacer una misma función. De modo que se deben distinguir distintos niveles en esta conceptualización de Wakefield: conducta manifiesta (que sería la manifestación clínica del desorden mental), función, mecanismos internos (físico-mentales) y por último el plano genético, dado que la propuesta es evolucionaria. Las distinciones conceptuales y las relaciones de estos niveles complican enormemente la aparentemente sencilla tesis de funciones mentales. La función natural mental como la presenta Wakefield viene a corresponder al 'módulo cognitivo' de la Psicología evolucionaria (ver módulo cognitivo y sus problemas en el capítulo sobre Psicología evolucionaria).

**Conducta normal y conducta patológica.**

Wakefield señala que en psiquiatría se distinguen conductas como: el duelo normal de la depresión patológica, la conducta delincuente normal del desorden de la conducta, la criminalidad normal del desorden de personalidad antisocial; el autor señala que todas estas conductas 'normales', son también valoradas como dañinas y negativas por los sujetos y la sociedad, pero a éstas, la clasificación de desórdenes mentales las considera normales, y a las otras se las clasifica como patológicas, o anormales; Wakefield afirma que: "El criterio natural-de-función explica estas distinciones." (1:153) Lo patológico es una alteración de una función natural, las conductas dañinas normales, no lo son, aunque causen sufrimiento y pesar.

Para Wakefield, aún las funciones naturales diseñadas por la evolución pueden ser también negativas en el ambiente del hombre actual, como son por ejemplo: la preferencia por las comidas ricas en grasas diseñada por la evolución para asegurar calorías al hombre ancestral, que hoy en día puede conducir a la obesidad y a la muerte; y la agresividad masculina, también diseñada por la evolución, y ahora considerada tal vez dañina. Pero para Wakefield las funciones naturales son indispensables para distinguir la conducta normal de la patológica. Según Wakefield, la teoría de la evolución darwiniana da el fundamento de las funciones naturales; escribe: "...esos mecanismos que tuvieron efecto en el organismo, y que contribuyeron al éxito reproductivo del organismo suficiente número de generaciones, aumentando su frecuencia, fueron 'seleccionados naturalmente', y existen en los organismos actuales." (1:152) Esto es, lo que se altera en los trastornos mentales son las funciones naturales y los mecanismos que las sostienen --cualquiera que sean—que permitieron la sobrevida al hombre ancestral. Paradójicamente gracias a la teoría de la evolución podemos saber lo que verdaderamente se perturba en los desórdenes mentales, aunque las funciones propuestas sean en su mayoría pobremente dilucidadas y basadas en distintos acercamientos teóricos, y los mecanismos subyacentes prácticamente desconocidos. La Psiquiatría evolucionaria no aporta claridad ni solidez a la situación actual de la psiquiatría, presenta hipótesis como evidencias y pretende fundamentarlos en otra hipótesis, la teoría de la evolución darwiniana. Es importante recordar que el DSM trata precisamente de distanciarse de las elucubraciones teóricas reduccionistas de los desórdenes mentales parar evitar el estrangulamiento teórico de la compleja especialidad de psiquiatría.

**Normalidad mental**

Cuando revisamos la lista de diagnósticos del DSM –dice Wakefield-- encontramos que la mayoría reflejan una falla de una función; así escribe el autor: "...los desórdenes psicóticos envuelven fallas en los procesos del pensamiento, no trabajan como diseñados; los desórdenes de ansiedad envuelven fallas en la angustia y mecanismos generadores del miedo, de trabajar como diseñados; los desórdenes depresivos envuelven fallas en los mecanismos reguladores de la respuesta a una pérdida y de la tristeza..." (1:152) ....."la vasta mayoría de las categorías [diagnósticas] están inspiradas por condiciones que aún una persona lega reconocería correctamente como falla del funcionamiento diseñado, [etc.]."(1:152) En otras palabras, los desórdenes mentales indican que el enfermo no está funcionando normalmente –lo que no es ninguna novedad. Lo único nuevo que propone Wakefield es que lo alterado ha sido diseñado por la evolución, por la ocurrencia de variaciones cernidas por la selección natural para maximizar el potencial reproductivo del Homo sapiens, pero esta tesis no es una evidencia, es simplemente una teoría, una teoría que como veremos más adelante enfrenta serios desafíos.

Depositar la normalidad del comportamiento del hombre en los principios de la evolución darwiniana genera serias dificultades --además de estar dicha teoría en cuestión--, el problema más obvio es el determinismo evolutivo que elimina la autentica libertad del ser humano y su responsabilidad frente a su conducta que son sin duda, muy significativos en la teoría y en la práctica de la psiquiatría. Desde un punto de vista más simple y pragmático, si aceptásemos la estrecha perspectiva darwiniana –centrada en la reproducción (replicación), tendríamos que reconocer que es complejo determinar y justificar con precisión las funciones naturales universales que han hecho posible la reproductividad del hombre, sin caer en argumentos tautológicos, que nada agregan a lo ya sabido y a lo por conocer. Argumentar que la investigación (particularmente los estudios transculturales) podrá identificar esas funciones naturales evolutivas, tan necesarias para anclar en lo biológico la patología psiquiátrica y defender la especialidad de los insensatos ataques de la antipsiquiatría, encuentra muchas dificultades, teóricas y prácticas, como ya hemos visto en el capítulo acerca de la Psicología evolucionaria; entre otras, una cierta circularidad, puesto que las hipótesis de situaciones ancestrales son configuradas desde el funcionamiento del hombre actual, una proyección del presente al pasado, y vuelta al presente con hipótesis explicativas (nótese, ya dos hipótesis sucesivas) y señalar que el hombre no está funcionando bien, lo que ya es sabido de partida, como también, es sabido y aceptado que algunas alteraciones médicas, incluyendo las psiquiátricas, son resultado, en parte, de las condiciones de vida de la sociedad contemporánea. Recordamos una vez más, excluir del campo de la psiquiatría las influencias de la cultura en la emergencia y modelación de la psicopatología, no hace justicia, ni a la realidad de la especialidad, ni tampoco a la teoría de la evolución que no se limita a lo meramente biológico, sino que también incluye lo cultural.

Sin embargo, la proposición de fijar el desorden mental en lo natural del funcionamiento del ser humano tiene atractivo para aquellos profesionales que se incomodan con la flexibilidad necesaria e inevitable del trabajo con el comportamiento humano, normal y anormal. El acercamiento evolucionario presenta un criterio aparentemente seductor para resolver este problema, lo natural, lo normal, es aquel funcionamiento natural que ha sido ineludiblemente cernido por la selección natural por maximizar la reproductividad de los individuos. Pero este criterio propuesto por la perspectiva evolucionaria enfrenta, muchos supuestos e hipótesis, y, por sobre todo, una estrechez en la concepción de la vida humana que constriñe indebidamente el desarrollo teórico y la práctica de la psiquiatría. No obstante, este acercamiento evolucionario puede contribuir a la práctica de la especialidad, señalando ciertas conductas propias del ser humano en su condición más primaria, aunque no sean interpretados necesariamente como de origen evolutivo, según lo propone la tesis evolucionaria, ni se hayan gestado por mecanismos darwinianos como se especula.

La definición de la normalidad en medicina es reconocida como compleja y multifactorial, y siempre implica, como Wakefield mismo lo reconoce, un juicio de valores. Un reflejo de esta situación es el uso en la práctica clínica de la psiquiatría, de la idea de enfermedad como un concepto abierto, sin pretensión de lograr una definición precisa y definitiva. (9) Limitar el concepto de normalidad del hombre a una sola perspectiva teórica, como es la teoría de la evolución darwiniana, restringe indebidamente la comprensión de la situación humana y del comportamiento de los hombres, y no facilita la dinámica de la nosología psiquiátrica.

## La psicopatología vista de la perspectiva evolucionaria.

La perspectiva evolucionaria se ha aplicado a numerosas patologías de la clínica médica y psiquiátrica; pero no todos los autores proponen un acercamiento unitario. Así tenemos a algunos psiquiatras evolucionarios   que piensan que patología psiquiátrica es el producto de funciones normales ancestrales no ajustadas –no adaptadas- a las condiciones ambientales contemporáneas, porque el medio ha cambiado aceleradamente por la influencia de la cultura para que el trabajo evolutivo adapte  al organismo a estos cambios. Por ejemplo, Randolph Nesse explica que: "Las emociones evolucionaron porque ajustan al cuerpo a manejar situaciones que han ocurrido una y otra vez por millones de años." Para Nesse las emociones del ser humano son producto de la evolución, adaptaciones necesarias que ocurrieron una y otra vez por millones de años; para este autor "…ninguna emoción en general es buena o mala, las emociones negativas como la angustia y la tristeza son tan útiles como las emociones positivas. Las emociones son útiles si son expresadas en la situación para la que evolucionaron, de otro modo son anormales." (2:160) Las emociones son entonces un mecanismo adaptativo, son necesarias y adecuadas en relación a la situación específica que intentan resolver (básicamente las situaciones ancestrales). Nesse ejemplifica: "Un ataque de pánico salva la vida si te persigue un león, pero en una situación romántica, el pánico puede reducir severamente el éxito reproductivo." (2:160) Cabe comentar que si el ataque de pánico es realmente un ataque de pánico con alteración del funcionamiento personal, y no sólo un susto proporcionado a la situación sin pérdida de control funcional, el ataque de pánico puede ser una reacción nefasta frente a un león. Una situación similar ocurre con otros estados de ansiedad. La angustia es según este autor, una emoción adaptativa que se generó en los grupos humanos primitivos -- fundamentalmente familias-- para fomentar los contactos interpersonales, pero en el mundo actual, las condiciones de vida social han cambiado dramáticamente, las personas trabajan y viven más bien aisladas, la sociedad tiende a apartar y quebrar los lazos interpersonales, por lo que se hace comprensible –desde el punto de vista evolutivo—la gran prevalencia de desórdenes de ansiedad en la sociedad contemporánea; la ansiedad como resultado del alejamiento de las relaciones interpersonales.

Otros autores como Stevens & Price, no coinciden con la perspectiva de Wakefield, pero no se alejan radicalmente de ella. Estos autores son de la opinión que la selección natural nos ha dotado de predisposiciones arquetípicas que en los contextos apropiados van a generar conductas que promoverán el potencial inclusivo (inclusive fitness), esto es, la transmisión de genes del propio grupo, aunque el individuo pueda perder potencial reproductivo (reproductive fitness), realizando conductas autodestructivas en servicio de los demás. Estos autores subscriben a la idea que este principio de potencial inclusivo es la fuente del desarrollo de la conducta social del ser humano, de modo que: "La búsqueda de metas biosociales tiene la consecuencia inconsciente de facilitar el potencial inclusivo, mientras que el fracaso en el logro de estas metas puede ciertamente resultar en alteración mental" (4:14) Es oportuno recordar lo que ya se ha comentado en capítulos anteriores, en esta interpretación del principio darwiniano de la selección natural, el 'objeto' de selección son los genes que operan ciegamente en la prosecución de replicación; difícilmente se puede sostener que esta aproximación evolutiva genere principios éticos con los valores fundamentales de nuestra civilización para constituir la sociedad humana como la conocemos.

Las guías (arquetipos, módulos, funciones) o mentalidades como las denomina Stevens & Price, para la realización de estas metas biosociales han sido inscritas en el cerebro del hombre por la selección natural. El número y las características de estas guías no han sido aún determinadas, pero, según estos autores, involucran percepción de sentido, elección de estrategias adaptativas e implementación de roles sociales apropiados; el individuo adopta los "temas innatos e improvisa variaciones…. "de estas predisposiciones arquetípicas (4:26-29). (Ya vimos en el capítulo de Psicología evolucionaria las dificultades conceptuales y científicas que implica esta proposición de módulos o arquetipos.)

Para Stevens & Price: "Todos los síndromes psiquiátricos mayores pueden ser concebidos como expresiones inapropiadas de predisposiciones referentes a conducta adaptativa en los dominios de membrecía en el grupo, exclusión del grupo y apareamiento." (4:29) Los síntomas psiquiátricos son reacciones exageradas y persistentes al ocurrir la frustración de los arquetipos. Sin embargo, no todo el mundo experimenta patología psiquiátrica en el ambiente contemporáneo, diferente al ambiente ancestral. Esta dificultad la aborda esta perspectiva de la psiquiatría evolucionaria, recurriendo a la tesis que propone múltiples variaciones genéticas de estrategias adaptativas, rasgos de personalidad, uso de estrategias defensivas para evitar o minimizar las frustraciones de los arquetipos, mantención de la homeostasis social, etc. Stevens & Price sostienen que la teoría que engloba todas estas variaciones es la teoría de la selección sexual: "…que mantiene en cada generación por los últimos 300 millones de años, la población estratificada por la competencia social en aquellos que son exitosos y los que no lo son. Examinando las estrategias conductuales de los que fallan nos movemos al reino de la psicopatología." (4:43) El grado de complejidad que agregan estas variaciones para acomodar los problemas psicopatológicos a la teoría propuesta es mayúsculo; un abundante menú de posibilidades evolucionarias para escoger explicaciones que calcen a los casos psiquiátricos particulares. Esta situación recuerda los epiciclos creados por Ptolomeo para sostener una tesis errada. El recurso a la selección sexual como mecanismo central que ilumine y controle el proceso biosocial desde la distancia, no sólo reduce y empobrece la expresión psicosocial humana, sino que no ayuda a esclarecer los específicos de la clínica psiquiátrica con conexión convincente con la teoría de la evolución.

Para el propósito de este trabajo sólo nos limitaremos a revisar muy someramente dos patologías centrales en la práctica de la psiquiatría: la esquizofrenia y la depresión.

**Esquizofrenia.**

La esquizofrenia es una enfermedad que desbasta dramáticamente el funcionamiento personal y social del paciente con evidente disminución de su sobrevivencia y de su capacidad reproductiva (7). Estas características debieran haber conducido a la desaparición de la enfermedad, según la ley de selección natural. Sin embargo, la esquizofrenia ha acompañado indómita a la humanidad por un largo periodo de tiempo, constituyendo un verdadero desafío a la teoría evolutiva darwiniana.

Se han intentado numerosas explicaciones para resolver la dificultad que presenta la esquizofrenia a los principios evolutivos. Una corriente de pensamiento evolucionista propone que la persistencia de la enfermedad refleja la presencia de un genoma, que no sólo condiciona el desencadenamiento de la esquizofrenia, sino que también otorga beneficios de sobrevivencia a sus portadores. Entre estos beneficios se han propuesto: resistencia a alergias e infecciones para los pacientes, e inteligencia elevada, creatividad, habilidades lingüísticas para los parientes de esquizofrénicos, lo que supuestamente incrementa la 'atracción' (sexual) de los beneficiados, con incremento de su potencial reproductivo. (Beneficios producto de una heterozigoticidad de los genes responsables de la esquizofrenia.) Pero las investigaciones han fallado en confirmar las ventajas evolutivas para los enfermos, y tampoco son claras las bondades artísticas para sus parientes. (8:3-5. 9. 10. 11)

Pero los esfuerzos de los evolucionistas por encontrar ventajas evolutivas a la devastadora enfermedad no ceden fácilmente. Hay otras hipótesis, y en este sentido debe mencionarse a Stevens y Price (4:147-151) que proponen la hipótesis de la 'división de grupos de la esquizofrenia'. Para estos autores el carácter esquizoide (esquizotípico), considerado una expresión heterozigótica del genoma esquizofrénico, tendría especial relevancia en los líderes políticos y religiosos (Adolfo Hitler, Juana de Arco, etc.); estos autores opinan que: "...La personalidad esquizotípica tiene la capacidad de crear una nueva comunidad, con una nueva visión del mundo..." (4:158) Estos líderes esquizoide provocarían la división de los grandes grupos humanos que han agotado sus recursos, favoreciendo –evolutivamente-- la sobrevivencia de grupos menores, además de esparcir a los seres humanos en regiones más amplias y con nuevas posibilidades de subsistencia. El fundamento de esta hipótesis es, en el mejor de los casos, particularmente especulativo.

Una dirección distinta en las explicaciones de la problemática que presenta la esquizofrenia para la evolución darwiniana, es simplemente considerar la enfermedad como un producto colateral desventajoso del proceso evolutivo del ser humano. Las hipótesis presentadas en este sentido varían, unas postulan variaciones en las conexiones cerebrales, que serían el fundamento de las habilidades sociales del ser humano; otras hipótesis proponen alteraciones secundarias de la lateralidad cerebral (detención del desarrollo), que es la base del desenvolvimiento de la inteligencia y del lenguaje del hombre; esta lateralización aparece con la especiación del Homo sapiens. (12) Estas hipótesis enfrentan dificultades, o en la genética que soporta las variaciones interconectivas cerebrales, o simplemente en la falta de evidencia apropiada en los problemas de la lateralidad cerebral, ya que los problemas más notorios del paciente esquizofrénico son en la conducta social y el funcionamiento ejecutivo, más que en la sintaxis del lenguaje.

La hipótesis de la esquizofrenia como alteraciones de la lateralidad cerebral tropieza además, con dificultades con la teoría de la evolución que no acepta la aparición brusca de la especiación humana, sino la gradación evolutiva del lenguaje y del hombre en su totalidad. (Incluso pareciera que los primates presentan conductas protopsicóticas). (8:6-7.13)

Las hipótesis evolucionarias no sólo son poco plausibles, sino que no cuentan con la evidencia para explicar la resistencia de la esquizofrenia a la presión de la selección natural. En general se tiende a aceptar la enfermedad como subproducto negativo del proceso evolutivo que ha permitido el progresivo funcionamiento social del ser humano. En otras palabras, la selección natural ha escogido una adaptación con muchas ventajas para el ser humano, pero no una adaptación perfecta, sino que con serias fallas como es la esquizofrenia; al parecer fue la única variación espontánea (mutación genética) ofrecida por la naturaleza a la selección natural. (14)

## Depresión

Hagen (5) piensa que la hipótesis evolucionaria de la 'depresión menor' mejor aceptada y supuestamente empíricamente apoyada es la que la caracteriza como una señal a circunstancias que, en las condiciones ancestrales de nuestros antepasados, imponían un costo en la capacidad de sobrevivencia y reproducción; una reacción análoga al dolor físico. Hagen lo explica así: "…el dolor psicológico informa a los individuos que su estrategia social actual o circunstancias están imponiéndole un costo en su capacidad reproductiva [fitness], motivándoles a cesar las actividades que exacerban este costo, como también evitar situaciones similares en el futuro…"… "tales actividades incluyen, muerte de hijos y parientes, pérdida de status, perdida de pareja." (5:102)

Hagen considera que la depresión mayor con síntomas que impactan seriamente el interés y la actividad productiva del individuo, con suicidalidad y con un curso prolongado no puede ser entendida adecuadamente con la hipótesis de dolor psicológico. Para Hagen, la 'depresión mayor' se puede interpretar como una estrategia --sancionada por la selección natural-- que permite a los miembros más débiles de las comunidades humanas ancestrales (mujeres, por ejemplo), conseguir beneficios que de otra manera les son negados por los miembros más fuertes, abusivos o indiferentes del grupo; la depresión mayor con la pérdida de productividad y, por tanto de beneficios para otros, puede considerarse como una "huelga laboral", como una estrategia de 'regateo': "...suspender beneficios para obligar cambios en otros." (5:97) Hagen explica su hipótesis: "Argumento que los síntomas costosos de la depresión tienen una función, y que esa función es imponer costos eficientemente sobre otros miembros del grupo, suspendiendo beneficios importantes, indicándoles claramente que se está, sufriendo costos, y obligándoles a proveer asistencia o realizar cambios."……."de acuerdo a esta perspectiva, la depresión es una estrategia (inconsciente) de manipulación social." (5:100) De acuerdo a Hagen, esta hipótesis explica hasta la suicidalidad del depresivo; el suicidio significa la eliminación total de los beneficios que aporta el depresivo al grupo, una pérdida considerable para la sobrevivencia y reproductividad de la comunidad primitiva. Las amenazas de suicidio, y los intentos de suicidio son advertencias a las que responden los demás, y el suicidio completo es el precio pagado para mantener la credibilidad de estas amenazas; Hagen explica: "Una estrategia de señal/regateo pudo evolucionar si envolvió advertencias de antemano a los otros (permitiendo responder a las necesidades de la persona suicida), si la tasa de amenazas es más alta que la tasa de intentos, y si la tasa de intentos fueron mayores que la tasa de suicidio completo. Y, en estas circunstancias, el promedio de beneficios recibidos en muchas generaciones por esta estrategia, por los genes codificadores --cuando los miembros del grupo fueron influidos exitosamente--, pudo exceder el término medio del costo sufrido por esos genes cuando los intentos de suicidio fueron exitosos." (5:113).

En esta hipótesis del regateo el elemento que determina la dinámica del proceso evolutivo es el costo envuelto, un costo que se mide en términos de capacidad de reproducción [fitness] de los individuos, pero en última instancia –como lo explicita Hagen en la situación del suicidio se trata de la persistencia y reproductividad de los genes; en otras palabras, el regateo no envuelve a los individuos que inconscientemente expresan sus necesidades, sino que son los genes expresándose en conductas concretas de los seres humanos; una perspectiva nada de alentadora para los que piensan que el hombre es una criatura que goza de libertad y de responsabilidad de su pensar y sus acciones.

Hagen considera que las condiciones que se suponen existieron en las comunidades primitivas, con estrecha interrelación y fuertes estructuras de poder jerárquico en familias y grupos, con imposición de contratos sociales (arreglos matrimoniales, por ejemplo) y conflictos de intereses, fueron propicias para el desarrollo de esta estrategia indirecta de reivindicación. Esta visión del ambiente ancestral de Hagen no parece corresponder con la visión presentada por Stevens & Price, más propicia para posibilitar la evolución de funciones o arquetipos básicos de la mejor convivencia y funcionamiento humano.

Hagen piensa que los conocimientos que se tienen acerca de las depresiones mayores, y las investigaciones pertinentes realizadas, confirman que la depresión es una adaptación desencadenada por costos sociales para movilizar el interés de otros y gestar cambios beneficiosos para los miembros afectados, que por sus condiciones de debilidad de poder social, no pueden recurrir a la persuasión, ni a la agresividad para lograr lo que necesitan (por ejemplo el estado de ansiedad persistente que acompaña a la depresión mayor es para este autor, muestra de conflicto entre el deprimido y los miembros poderosos del grupo que coartan al débil). Sin embargo, Hagen termina este capítulo, reconociendo que: "…se requerirán estudios longitudinales detallados para determinar adecuadamente si la depresión puede, en efecto, causar finalmente cambios de circunstancias sociales significativamente beneficiosas, o podría haberlo hecho en el EEA [ambiente ancestral]." (5:119) La confirmación a la que Hagen se refiere se debe tomar con cautela, ya que en su mayoría envuelve trabajos y estudios realizados en el presente, lo que inevitablemente implica influencia cultural (incluyendo creencias míticas y religiosas de los distintos pueblos en los que se realicen las investigaciones) en los valores y en el estilo de las relaciones interpersonales, por lo que la situación de los pueblos actuales no es la misma que la del pleistoceno. De manera que cualquier proyección de resultados de investigaciones actuales, a situaciones sociales ancestrales es muy difícil y limitada como para probar la hipótesis del regateo en la depresión mayor. Esta hipótesis es considerablemente especulativa, además de envolver un mayúsculo reduccionismo etiológico de la depresión mayor.

Es interesante y paradójico notar que para Hagen la depresión mayor es una adaptación sancionada positivamente por la selección natural y, por tanto, no se trata de una enfermedad mental propiamente tal, sino de un proceso evolutivo 'normal'; el autor afirma explícitamente: "…la conceptualización Occidental de la depresión como una enfermedad mental es claramente errónea." (5:119) Esta concepción evolucionaria de la depresión mayor –una enfermedad mental indiscutible en el DSM y en la práctica de la psiquiatría—es opuesta a la concepción evolucionaria de Wakefield (1), para quien los desórdenes mentales son alteraciones de funciones naturales, esto es, de adaptaciones evolutivas de resolución de problemas.

## Conclusión

Como en otras áreas de la vida humana en las que se intentan aplicar los principios de la evolución darwiniana, en psiquiatría nos encontramos también, con teorías evolucionarias dispares y, a veces incluso incompatibles entre sí. Estas disparidades las hemos notado claramente en la exposición anterior, pero se hacen aún más intensas y  con gran potencial de controversia en las explicaciones evolucionarias de la homosexualidad, violación, agresión masculina, etc., temas fuertemente cargados de valores contrastantes y polémicos. Las limitaciones que muestran estos acercamientos evolutivos a la conducta normal y anormal del ser humano, no permite considerarlos como una solución teórica significativa en el campo de la psicología y psiquiatría, teórica y práctica. Esto no significa que la teoría evolucionaria no ofrezca algunas observaciones y perspectivas interesantes que aporten elementos para enriquecer la comprensión de la complejidad de la conducta del hombre; se podría agregar, que la psiquiatría evolucionaria nos recuerda que no se debe medicalizar excesivamente la vida humana, hay emociones y reacciones que no son necesariamente patológicas, sino simplemente reacciones adecuadas a situaciones difíciles.

La teoría de la evolución darwiniana no encuentra apoyo especial en estas tesis evolucionarias de la psicología y psiquiatría, para afirmar la capacidad de explicar las distintas expresiones de la conducta del hombre; sino más bien, todas estas teorías evolucionarias que hemos revisado en este capítulo y en los anteriores, ganan una aparente firmeza, utilizando el prestigio de la teoría de la evolución darwiniana que se presenta –como ya lo hemos indicado repetidamente- como un hecho dado, como una verdad científica incontestable en la que se pueden, y deben, fundamentar la ciencia biológica y los estudios de la conducta de los seres humanos.

Es necesario aclarar que los seres humanos están sin duda dotados de ciertas características básicas morfológicas, funcionales y psicológicas similares (digo similares, para dar cabida a variaciones no esenciales) que son importantes intentar dilucidar, para una mejor comprensión de sus pulsiones y capacidades, y evaluar apropiadamente los efectos de su evolución cultural. También resulta evidente que el hombre ha, y está sometido a diferentes medios físico/culturales que imponen diferentes requerimientos a su constitución, lo que es importante conocer para estudiar los efectos de estas circunstancias ambientales en su comportamiento normal y patológico (físico y psicosocial). Ahora, agregar a las 'funciones mentales' del hombre actual, estudiadas por la medicina y psicología (explicaciones próximas), un origen evolutivo de carácter darwiniano (explicaciones distantes o evolucionarias) o, intentar definir estas funciones mentales en base a argumentos evolutivos es un paso teórico especulativo y controversial, más ahora en la actualidad que se señalan, de distintos ángulos, las limitaciones del darwinismo. Sin embargo, algunas proposiciones de la psiquiatría evolucionaria son de interés y pueden ser sometidas a investigación para comprobar su relevancia.

Pensar que nuestros antepasados del pleistoceno estaban genéticamente adaptados –o muy adaptados- al medio natural, constituye una afirmación abierta a controversia y es un supuesto difícil de comprobar. Además, implica un curioso estado de armonía biológica del hombre con el medio en los albores de la especie homo sapiens –, una situación que puede considerarse casi idílica--, sin enfermedades secundarias a noxas químicas, sin alteraciones metabólicas desencadenadas por alimentación aberrante, sin ataques de pánico, ni fobias, productos todas, como muchas de las enfermedades modernas particularmente las psiquiátricas, del desfase ambiental/genético generado por el acelerado avance cultural y tecnológico;. Una época en la que la biología del hombre estaba en concordancia con el ambiente ancestral, perturbado sólo por las infecciones, los traumas y tal vez la desnutrición; un periodo en los que la selección natural seleccionó arquetipos básicos (funciones, módulos) de la condición humana, entre los que se encuentran las que impulsan los lazos familiares y el amor, la culpa y la vergüenza por quebrar las normas del grupo, etc., módulos que si se frustran por las circunstancias del hombre actual conducen a perturbaciones mentales. (4:21-24) Lo curioso e irónico es que los proponentes de esta tesis reconocen que la vida ancestral era dura, brutal y corta, pero al mismo tiempo, como lo explica Stevens & Price: "El estudio del EEA [ambiente ancestral] no es importante por proveer un ejemplo de Paraíso Perdido, sino porque establece el tipo de medio social que nuestras predisposiciones evolucionadas nos han equipado para habitar. " (4:38) Esto implica que, si bien es cierto el medio natural era brutal e inclemente, las condiciones de vida social paleolítica fueron propicias para seleccionar esos módulos básicos del ser humano; pero francamente resulta extremadamente difícil imaginar que esas comunidades primitivas funcionaron socialmente de tal modo que permitieron el desarrollo de las funciones (arquetipos, módulos, mentalidades) básicas ideales de la normalidad psíquica que propone la psiquiatría evolucionaria. Me parece imposible concebir comunidades humanas, de cualquier tamaño, en cualquier parte y en cualquier tiempo, sin envidia, abuso, celos, injusticia; en una palabra, sin los vicios que acompañan al hombre desde que el hombre es hombre, en su peregrinación histórica; vicios que son fuente de desarmonía, stress y sufrimiento.

La armonía biológica (y mental) del hombre ancestral con su ambiente juega un papel central para una buena parte de la psiquiatría evolucionaria. El conocimiento de condiciones del ambiente evolucionario adaptativo (ambiente ancestral), escriben Steven & Price: "...servirá para generar hipótesis referentes a las características ambientales necesarias para el desarrollo normal , y la prevención y tratamiento de los desórdenes mentales." (4:10) Estos mismos autores sostienen que un modelo, y principio, de la psicopatología es:... "la salud mental depende de la disponibilidad de ambientes físicos y sociales capaces de satisfacer las necesidades arquetípicas del individuo en desarrollo; la psicopatología puede emerger cuando estas necesidades son frustradas." (4:31,34-35). Ilustra este modo de pensar en medicina la cita de Eaton y cols.: "A través de casi toda la evolución humana, la adaptación genética estuvo estrechamente acoplada con las alteraciones ambientales. Ahora, sin embargo, los cambios culturales suceden muy rápidamente como para que la acomodación genética siga sus pasos. Todavía portamos genes que fueron seleccionados por su utilidad en el pasado, pero en las nuevas circunstancias de la vida contemporánea confieren aumento de la susceptibilidad a las enfermedades crónicas." (15:115) Este cuadro de hombre-adaptado-en-el- pleistoceno como modelo de 'normalidad' biológica, incluyendo la mental, es una proposición teórica con muchas interrogantes; adoptar este modelo en medicina puede perturbar el análisis y la investigación de la patología.

Precipitarse en adoptar el paradigma darwiniano para salvar la débil posición 'científica' de la psiquiatría, además de incurrir en un reduccionismo inaceptable, genera la proliferación de constructos, de 'arquetipos de conducta' (funciones, arquetipos, módulos), sancionados positivamente por la selección natural, que funcionarían como unidades naturales expresando la normalidad evolutiva y 'científica' del hombre, presentados con pretensiones de objetividad normativa cuando sólo son productos de la especulación teórica inspirada en el paradigma darwiniano.

Reconocer la situación básica de la condición del ser humano en la tierra, no obliga a adscribir automática y necesariamente a las explicaciones de la Teoría de la evolución darwiniana, así se introduce una perspectiva teórica que puede distorsionar el estudio y la comprensión de los fenómenos observados. Como ejemplo de esta situación se puede citar la afirmación evolucionista que los osos polares son blancos, porque cazan más focas que los marrones (16:4) y eso ha favorecido su potencial reproductivo y ha sido sancionado positivamente por la selección natural. Esta afirmación, además de ser un reduccionismo flagrante, impregna de sentido evolutivo una observación actual; en otras palabras, se carga la observación de un estado de hecho, con una interpretación teórica acerca de su origen, utilizando la teoría de la evolución darwiniana. Hay que tener presente que el pensamiento evolucionario es en buenas cuentas, una 'historia de creación', y para algunas perspectivas de la psiquiatría evolucionaria, con incluso un jardín casi paradisíaco (las sabanas del África del pleistoceno) --si no fuera por la brutalidad del ambiente natural--, una narración que intenta explicar el mundo fenoménico, el mundo que se nos presenta integrado y funcionando.

Como ya hemos visto en el curso de estos capítulos, la teoría de la evolución darwiniana propone una concepción evolutiva total de los seres orgánicos, siguiendo los principios básicos de: ocurrencia de variaciones espontáneas (mutaciones genéticas), y selección natural. Cuando se invocan estos principios para comprender la conducta humana en general y en psicología y psiquiatría en particular, aparecen variadas incongruencias e inconsistencias conceptuales en las explicaciones, y la estrechez de la teoría se hace notoria frente a la riqueza y la complejidad de la conducta del hombre en su interacción consigo mismo y con su ambiente. Además, la teoría no deja cabida a dimensiones esencialmente humanas, como son la libertad y la responsabilidad de la conducta voluntaria, y no puede justificar valores éticos fundamentales respetados por nuestra civilización, sin los cuales no se puede comprender apropiadamente el comportamiento humano, 'normal', ni 'anormal' como lo hacemos en nuestras sociedades.

Las aplicaciones de los principios básicos de la Teoría de la evolución a la conducta del hombre, muestran las limitaciones de un enfoque mecanicista y reduccionista, incapaces de dar cuenta satisfactoria de la vida humana. Para una teoría que se presenta como global para todos los seres orgánicos, incluido el ser humano, esta deficiencia reduce dramáticamente su poder explicativo científico basado en evidencias, y si se usan y fuerzan sus argumentos para estos fines, la teoría abandona el terreno científico y se transforma en una ideología, en una filosofía evolucionista. Estas limitaciones de la teoría de la evolución indican la necesidad de recurrir a otros acercamientos teóricos, y a perspectivas de entendimiento diferentes de los orígenes del hombre.

**Bibliografía:**

1. Wakefield, Jerome C (2007). The concept of mental disorder: diagnostic implications of the harmful dysfunction analysis. World Psychiatry
http://www.pubmedcentral.nihgov/tovrender.fcgi?iid=158234

2. Nesse Randolph (2007).Evolution is the scientific foundation for diagnosis: psychiatry should use it. World Psychiatry; 6.
http://www.pubmedcentral.nihgov/tovrender.fcgi?iid=158234

3. Panksepp, Jaak (2006). Emotional endophenotypes in evolutionary psychiatry. Progress in Neuro-Psychopharmacology & Biological Psychiatry, 30: 774-784

4. Stevens A, Price J (2000). Evolutionary Psychiatry: A New Beginning. Routledge. Taylor & Francis Group. London and Philadelphia.

5. Hagen, Edward H (2003). Genetic and Cultural Evolution of Cooperation. Ed. P Hammerstein. The MIT Press. Chapter 6: The Bargaining Model of Depression.
http://cogprints.org/4135/1/Hagen_2003.pdf

6. Jablenski, Assen (2007). Does psychiatry need an overarching concept of "mental disorder"? World Psychiatry, 6
http://www.pubmedcentral.nihgov/tovrender.fcgi?iid=158234

7. Nimgaonkar VL (1998). Reduced fertility in schizophrenia: here to stay?. Acta Psychiatric. Scandinavica. 98: 348-53

8. Coulter Ian (2006). Faculty of General and Community Psychiatry: Medical Student Prize Essay 2006. (Prize Winner)
www.rcpsych.ac.uk/pdf/IanCoulterEvolutionaryPsychEssay%5B2%5D.pdf.

9. Waddel C (1998). Creativity and mental illness: is there a link?. Canadian Journal of Psychiatry. 43: 166-172.

10. Pearlson, Godfrey D and Folley, Bradley S (2007). Schizophrenia, Psychiatric Genetics, and Darwinian Psychiatry: An Evolutionary Framework. Schizophrenia Bulletin, Nov. 21, 2007
http://schizophreniabulletin.oxfordjournals.org/cgi/content/abstract/sbm130

11. Carlson, Lena (2002). Schizophrenia and Creativity. Human Brain Informatics – Your Portal to Schizophrenia.

http://www.hubin.org/news/column/lucc1_creativity/creativity_en.html

12. Crow TJ (2002). Schizophrenia as the price that Homo sapiens. Oxford. Oxford University Press.

13.. Burns, Jonathan K (2002). An evolutionary theory of schizophrenia: cortical connectivity, metarepresentation and the social brain. BBSPrints Archives.: Behavioral and Brain Sciences. http://www.bbsonline.org/documents/a/00/00/11/88/index.html

14. Crespi B, Summers K, Dorus S (2007). Adaptive evolution of genes underlying schizophrenia. Proc Biol Sci. Noc 22;274(1627): 2801-10 http://www.ncbi.nlm.gov/pubmed/17785269

15. Eaton Boyd S, Strassman Beverly I, Nesse Randolph M, et cols. (2002). Review: Evolutionary Health Promotion. Preventive Medicine 34, 109-118. http://www.idealibrary.com.on

16. Nesse, Randolph (1995). Our bodies are imperfect, -for good reasons. Interview in Tucson, June. http://www.froes.dds.nl/NESSE.htm

Nota: Las traducciones del inglés han sido hechas por el autor.

Capítulo VII

## META DE LA EVOLUCIÓN

Se afirma que la teoría de la evolución describe procesos que no tienen meta alguna, la evolución es un proceso ciego sin propósito. Esta conocida característica de la teoría de la evolución requiere sin embargo, un pequeño análisis para entender adecuadamente su sentido. La teoría de la evolución, como toda teoría, asume ciertos puntos básicos de los cuales parte para construir una explicación del tema al que se refiere, en el caso de la teoría de la evolución darwiniana su objeto es explicar la aparición de las variadas formas de seres orgánicos que pueblan el planeta; en otras palabras, la teoría intenta explicar el origen de las especies de los seres vivos actuales.

### Supuestos de la teoría

Darwin consideró la vida como dada, aunque posteriormente el movimiento evolucionista propuso que la aparición de la vida misma es debida a un proceso evolutivo (físico-químico); naturalmente no se pueden invocar para esta evolución los principios del proceso darwiniano, que como hemos dicho comienza con la aceptación de la presencia de la vida; su objeto no es el origen de la vida, sino el origen de las especies. El segundo axioma fundamental de la teoría es que la vida tiende a perpetuarse naturalmente, mediante la reproducción, lo que es básicamente aceptable, pero en Darwin toma una centralidad primaria en la descripción del sentido y propósito de la existencia de la vida; con el supuesto agregado que esta propagación de la vida es exponencial, en aumento progresivo de los organismos, limitado sólo por las condiciones ecológicas (espacio, alimentos, interacción con otros seres orgánicos, etc.). No se trata entonces de la sobrevida del organismo individual en sí, gracias al instinto primario de sobrevivencia (emergido también para asegurar la reproductividad del individuo), sino de la vida en general en la tierra.

El tercer supuesto constitutivo de la teoría es la ocurrencia de variaciones espontáneas, más tarde consideradas primariamente como consecuencias de mutaciones. Darwin observó variaciones en especies de animales en la naturaleza y en la selección artificial realizada en la crianza de animales y cultivo de plantas, y asumió que estas variaciones dentro de las especies se acumulan gradualmente gracias a la herencia, de tal modo que con el transcurrir del tiempo geológico llegan a conformar nuevas formas orgánicas, nuevas especies. Este es básicamente un supuesto, ya que Darwin nunca observó variaciones que generen nuevas especies; no se trata de una evidencia empírica, sino simplemente de una conjetura que Darwin le otorga un papel fundamental como explicación causal de la evolución de las especies.

Darwin completa su teoría evolutiva considerando que los organismos vivos tienen que vivir en su medio específico para sobrevivir, y como la reproducción genera un número creciente de organismos, no todos pueden sobrevivir y propagarse; sólo los mejor adaptados sobreviven a este proceso natural de selección. La selección natural constituye otro supuesto fundamental en la teoría.

La teoría acopla la selección natural con la ocurrencia de pequeñas variaciones beneficiosas, de tal modo, que los supuestos se afirman mutuamente para ganar fuerza explicativa. La aparición de nuevas especies orgánicas son el resultado de este acoplamiento; las variaciones espontáneas, modeladas por la selección natural dan cuenta de la aparición de las nuevas formas orgánicas que van sobreviviendo y reproduciéndose, y adaptándose a nuevos nichos del ambiente.

Los dos mecanismos básicos propuestos por Darwin para explicar la evolución de las especies son simplemente supuestos. Esto es claramente obvio en la ocurrencia de variaciones capaces de generar nuevas estructuras funcionales; no existe ninguna evidencia empírica de que esta afirmación sea una realidad observable en la naturaleza. En cuanto a la selección natural, es intuitivamente aceptable que los seres vivos más fuertes sobrevivan y tengan más oportunidades de reproducirse, pero en Darwin este mecanismo toma un carácter diferente y más específico cuando se propone que filtra las variaciones, sancionando positivamente las ventajosas y eliminando las perjudiciales para la sobreviva y reproducción de los individuos afectados, posibilitando su adaptación y especiación. A este nivel la selección natural cobra un carácter un tanto hipotético, aunque, siendo la selección natural en función de las variaciones, el peso de lo hipotético radica primariamente en las variaciones espontáneas supuestamente capaces de generar nuevas estructuras orgánicas funcionales.

**Meta de la teoría**

Se puede argumentar que el proceso de la evolución darwiniana no es en realidad perfectamente ciego como se sostiene, ya que en su estructura dinámica está inscrita una meta: la reproducción para la conservación de la vida de los individuos, o de los grupos de individuos, o de los genes y sus vehículos (individuos), según sea la interpretación que se le dé a la teoría. De este modo, para la teoría darwiniana los organismos vivos son seres cuyas operaciones en última instancia están dirigidas a la conservación de la vida, que es el motor de la teoría, la meta del proceso; una vida que se centra en la supervivencia generacional –o replicación--; todo lo demás depende de su concordancia con esta meta.

El logro de la meta de la teoría se hizo aún más mecánica e impersonal con el advenimiento de la genética y la centralidad de los genes; ya no se trata más de la transmisión y preservación de la vida en sí, de individuos y de grupos, sino que de la replicabilidad de moléculas –genes--, operando mecánicamente en la oscuridad de la conciencia. Como hemos visto en capítulos anteriores, las consecuencias de este giro esclaviza a todos los seres vivos, y muy particularmente al hombre, transformándolos en meros vehículos de transmisión de genes; la vida del ser humano no tiene otro propósito evolutivo que la preservación genética de la cual el hombre no está siquiera consciente. Nada vale en la vida humana si no está en concordancia con esta meta evolutiva, la búsqueda de la verdad, del conocimiento, del bien, de la belleza, quedan subsumidos en el propósito de la simple replicación genética, sin otra consideración. Stevens & Price, lo escriben claramente: "Desde el punto de vista biológico, el propósito final de nuestra existencia es la perpetuación de nuestros genes." (1:11). No nos debe causar sorpresa entonces, que la teoría de la evolución darwiniana haya despertado desde sus inicios, resistencia en los que no aceptan esta visión reduccionista del ser humano, un esclavo inconsciente de las insensibles e inclementes fuerzas naturales expresadas como lo sostiene el neodarwinismo, en la replicación genética.

La teoría darwiniana está construida de modo que el avance de la complejidad de formas de los seres orgánicos (especies) no constituye la meta del proceso evolutivo, la especiación es simplemente un subproducto de la reproductividad favorecida por las variaciones y el filtro modulador de la selección natural. Pero como hemos visto, la posibilidad de la emergencia de nuevas formas está implícita en uno de los supuestos de la teoría: variaciones espontáneas para Darwin o, mutaciones genéticas para el neodarwinismo, capaces de avanzar la especiación.

Sin embargo, la teoría de la evolución propone que las variaciones/mutaciones ocurren sin la meta específica de generar nuevas formas de vida, simplemente ocurren (para Darwin), y por razones de carácter físico-químico o cuántico (para las mutaciones del neodarwinismo). La causa eficiente de las mutaciones hay que buscarla en las leyes naturales del mundo físico, un proceso sin teleología, sin meta, sólo producto de la combinación del azar y de la necesidad natural. En palabras del darwinista Ruse: "El darwinismo es evolución mediante la selección natural trabajando sobre mutaciones fortuitas"... "La no direccionalidad [de la evolución] es consecuencia secundaria de la selección natural. Este es un mecanismo relativista y oportunista. Lo que tiene éxito es lo que tiene éxito." (2:83) Pero, si bien es cierto que las mutaciones ocurrirían sin la meta de generar nuevas formas orgánicas, la selección natural, aunque oportunista, claramente selecciona lo beneficioso para la sobrevivencia, no es una selección arbitraria y ciega, sino que sanciona positivamente lo que se adapta; se trata de una selección dirigida a la sobrevivencia, y esto puede considerarse como meta del proceso: la preservación de la reproductividad; persistencia de la vida transgeneracional. En algunos escritos de Darwin se encuentra bien esbozado la teleología envuelta en el trabajo de la selección natural, escribe el naturalista: "…no se preocupa por la simple apariencia externa; se puede decir que revisa con severa mirada, todo nervio, vaso y músculo; todo hábito, instinto y trazo de constitución,-- la maquinaria total de organización. No hay aquí capricho, ni favoritismo: el bien será preservado y el mal estrictamente destruido…Podemos entonces maravillarnos que las producciones de la naturaleza llevan el sello de una perfección más alta que los productos de la selección artificial del hombre. Con la naturaleza la selección más gradual, constante, sin error, profunda, -- perfecta adaptación a las condiciones de la existencia [sic]." (3:224-225)

De modo que la teoría de la evolución darwiniana propuesta como un proceso totalmente ciego, en verdad tiene cierta teleología, en cuanto está estructurada para la replicabilidad y, además está subrepticiamente incluida en uno de sus supuestos: las variaciones/mutaciones ventajosas, que se suponen capaces de aportar complejidad y especiación.

Hay que agregar que Darwin propone su teoría no teleológica de la evolución, con una intención muy obvia, con una meta sumamente clara, esto es, explicar el origen de las especies. Este proceso en la generación de la teoría no se considera en la teoría misma que propone mecanismos no teleológicos gobernando el curso de la evolución de los seres vivos, incluyendo al hombre y su comportamiento. Esta curiosa omisión que se repite constantemente cuando los intelectuales evolucionarios afirman la falta de meta de la teoría evolutiva darwiniana, tiene dramáticas consecuencias para la teoría, porque fracasa en sus explicaciones de la creatividad libre, voluntaria y teleológica de la acción humana que son esenciales en la generación de la teoría (de cualquier teoría), y característicos de la conducta humana. Como hemos visto en los capítulos anteriores, la omisión de esta dimensión humana básica, incapacita las intenciones absolutistas en la aplicación de la teoría. Quizás es oportuno recordar aquí la citada e irónica reflexión del filósofo inglés Alfred North Whitehead: "Los científicos animados por el propósito de probar que ellos no tienen propósito, constituye un interesante tema de estudio."

Pero dejando de lado esta situación ambigua de la proposición darwiniana y sus consecuencias, y tomando solamente su intención explícita, se puede decir que el proceso evolutivo ocurre sin el propósito específico de generar la especiación de los seres orgánicos. La meta de la evolución es sin propósito fuera de la conservación de la vida sin otra consideración que la capacidad de adaptación y potencial de reproducción.

A esta estructuración de la teoría que la priva de propósitos biológicos específicos hay que agregar otro factor que contribuye fundamentalmente a la falta de dirección teleológica. Las mutaciones ocurren fortuitamente (con respecto a metas biológicas específicas) --aunque causadas por efectos físico- químicos--, lo que significa que la dimensión de las mutaciones constituye una variable al azar de la teoría. Algo similar ocurre con la selección natural basada en el ambiente total en que viven los organismos, este medio cambia espontáneamente en forma no previsible y sin consideración alguna a las necesidades de los organismos; cuando ocurren variaciones beneficiosas que abren al organismo a otros nichos ambientales, el ambiente cambia en función a la mutación, igualmente en forma fortuita. De modo que tenemos las dos variables más importantes de la teoría de la evolución darwiniana: la selección natural dependiente del ambiente y las mutaciones, operando ambas al azar; constituyen variables fortuitas. Esta característica estocástica de la teoría recalca la ausencia de meta en la evolución, y le otorga a la tesis una increíble flexibilidad para explicar cualquier cambio evolutivo acaecido; pero al mismo tiempo, le resta capacidad predictiva, no puede predecir nada, ya que el curso evolutivo depende del azar. Por estas características se ha señalado que la teoría de la evolución darwiniana, no es una teoría propiamente científica, al no ser intrínsecamente susceptible de falsación.

## Teleología de los organismos vivos.

Los organismos vivos actúan en prosecución de metas, al igual que los múltiples y diversos sistemas biológicos que los constituyen; estos sistemas operan para realizar funciones específicas que se integran en el funcionamiento del organismo en su totalidad. En las acciones biológicas, a nivel micro y macroscópico, hay una dirección determinada de la actividad, lograr funciones biológicas específicas que se integran para la vida de los organismos, que en sí mismos actúan con metas y propósitos. Los procesos biológicos funcionan en servicio de la vida de los organismos; estos procesos, aún a nivel físico-químico, se caracterizan por una actividad organizada para construir las complejidades propias de las estructuras funcionales orgánicas. En cambio, los procesos inorgánicos, desde lo atómico hasta lo cósmico, son movidos por sus propias leyes, sin la ayuda de acciones colaterales como se aprecia claramente en lo biológico con la integración funcional de múltiples sistemas; en el área inorgánica los procesos ocurren con la sola 'meta' --si así se puede hablar--, de alcanzar un punto final, un estado de equilibrio energético, del que no se puede salir sin ayuda externa, un estado en que nada nuevo ocurre, una situación sin destino.

Las características de la actividad biológica constituyen un verdadero desafío para las explicaciones evolucionistas que simplemente rechazan cualquier concepción teleológica, aceptando sólo las causas eficientes propuestas por las leyes de la físico-química y el azar. Los adherentes al pensamiento evolucionario darwiniano aceptan que el mundo biológico tiene apariencia de funcionar de un modo teleológico, pero, siendo meramente materia sujeta a leyes naturales, no puede tener metas ni propósitos emergentes de sí misma. Dawkins refuta el conocido argumento del obispo Paley que sostenía que así como el reloj necesita un relojero que lo construya, el ojo también necesita un diseñador: para que funcione: Dios; escribe Dawkins: "Aún con las apariencias de lo contrario, el único relojero en la naturaleza son las fuerzas de la física, aunque utilizadas de un modo muy especial"..."La selección natural, el proceso inconsciente y ciego que descubrió Darwin, y que ahora sabemos es la explicación de la existencia y del aparente propósito de toda forma de vida, no tiene propósito en mente. No tiene mente, ni imaginación. No planifica para el futuro. No tiene visión, ni previsión, ni vista del todo. Puede decirse que juega el rol de relojero en la naturaleza, es el relojero ciego." (4;5) Se podría replicar a Dawkins que la teleología a la que se refiere puede no encontrarse en la selección natural considerada aisladamente, pero si en función de las variaciones que están impregnadas de teleología al postularse capaces de generar estructuras completamente nuevas y funcionales.

La explicación de las funciones biológicas que ofrece el pensamiento evolucionario es simple y llanamente reducir la actividad biológica a procesos estrictamente físico-químicos en el contexto del azar. El mundo de los seres vivos es un mundo gobernado por las leyes naturales que rigen el comportamiento de lo inorgánico. En rigor entonces, desde la perspectiva darwinista no hay diferencia entre lo vivo y lo inerte, sólo la compleja organización de la materia biológica que explicaría la apariencia teleológica de lo biológico.

La idea de apariencia teleológica de lo biológico se ha extendido, consecuentemente con la teoría, hasta incluso la actividad mental humana. Se ha argumentado que la dirección del pensar, del sentir y de toda actividad consciente del hombre es sólo una ilusión, porque en el fondo toda actividad mental no es más que una expresión de los procesos neurológicos cerebrales regidos por las leyes naturales de la fisicoquímica. Si criticamos como reduccionistas las explicaciones evolucionarias de los sistemas bioquímicos, esta extensión del argumento a la actividad humana mental resulta de un reduccionismo extremo y absurdo; constituye la negación misma de la credibilidad de la tesis presentada (de cualquier tesis), al desaparecer la relación con la verdad para caer en un ámbito en que todo es ilusorio, en el que no se sabe en verdad nada, ni se puede nunca saber nada; sólo 'conocimiento' adaptativo comandado desde la profundidad más recóndita del inconsciente fisicoquímico. Se cae en buenas cuentas en la irracionalidad, y ésta, irónicamente arrastra consigo a la teoría, desvirtuándola completamente.

Es oportuna aquí una cita de Ruse: "El darwinismo, la apoteosis de una teoría materialista, está obligada a ser reduccionista." (2:77)

## Bibliografía

1. Stevens A, Price J (2000). Evolutionary Psychiatry: A New Beginning. Rutledge. Taylor & Francis Group. London and Philadelphia.

2. Ruse, Michael (2000). Can a Darwinian Be a Christian? Cambridge University Press.

3. Darwin, Charles (1856). Charles Darwin's "Natural Selection". RC editor, 1974. Cambridge: Cambridge University Press

4. Dawkins, Michael (1986). The Blind Watchmaker. New York. Norton.

Nota: Las traducciones del inglés han sido hechas por el autor.

Capítulo VIII

## Teoría de la evolución, tres tesis: Evolución

El comportamiento del hombre no es un área que fortalezca la teoría de la evolución, su vigor y vigencia debe buscarse a otro nivel, particularmente en la biología misma. Pero, hoy en día es claro que la teoría de la evolución se cuestiona desde diferentes perspectivas –incluyendo la de la biología molecular--; la viva y, muchas veces ácida polémica y controversia entre críticos y adherentes, que se ha desarrollado en los últimos años, han alcanzado niveles sin precedentes en la proposición de teorías científicas. La teoría de la evolución darwiniana al colocar al hombre dentro del grupo de los seres orgánicos, con sólo diferencias de grado y no de clases entre el hombre y el resto de los animales, y al ser presentada como una teoría científica ratificada, ha levantado siempre fluctuantes niveles de resistencia y oposición en diversos sectores, principalmente religiosos y teológicos, ya que toca temas primarios y fundamentales referentes al origen del hombre, su libertad y eticidad, centrales en las concepciones religiosas judeocristianas. Pero la explosión de controversias actuales surge, no del ámbito de la religión, sino del seno mismo de la ciencia; se cuestiona seriamente la capacidad de la teoría para explicar observaciones emergidas en el campo científico, y esto constituye una amenaza no desdeñable para la vigencia y la supervivencia de la teoría en sus ambiciones totalitarias.

El debate y la presentación de la información acerca de la teoría de la evolución darwiniana vienen teñidos de elementos ideológicos que distorsionan la comprensión de su vigor explicativo y de las dificultades que enfrenta en la actualidad. El público general, los no especialistas en el tema, se ven manipulados por estas fuerzas ideológicas, y confundidos con la complejidad conceptual de las materias envueltos en el debate en torno a la teoría.

Para facilitar la comprensión de esta compleja situación es importante tener presente que la teoría de la evolución está constituida por tres tesis distintas: evolución (con o sin la tesis colateral del ancestro común), selección natural y variaciones/mutaciones, ensambladas de tal modo, que se apoyan mutuamente. Es por tanto, conveniente desacoplarlas en cuanto posible, para evaluar independientemente sus posibilidades y vigencia.

## EVOLUCIÓN

El término evolución se ha transformado en nuestro tiempo en un vocablo común, repetido y popularmente aceptado con la connotación de 'desarrollo progresivo'. De modo que el término se usa en una forma amplia y general para significar sucesos continuos con creciente complejidad; y, en este sentido, el término evolución se ha transformado en un paradigma general y básico de nuestra cultura, indispensable para describir en variadas áreas, el desarrollo histórico de acontecimientos sucesivos como: la evolución de ideas político- sociales, la evolución psicológica, la evolución del Universo, etc. Las ciencias han contribuido fuertemente al fortalecimiento de este paradigma con la presentación de información de cambios físicos y cosmológicos desde un lejano comienzo para evolucionar hasta alcanzar la complejidad del estado actual del mundo. La biología naturalmente comparte el paradigma evolutivo, y adhiere a la versión darwiniana –un paradigma en sí--, que sostiene que el mundo orgánico ha evolucionado desde formas primitivas de vida, probablemente una o unas pocas formas iniciales, por mecanismos de descendencia con modificación (variaciones y selección natural). De manera que, cuando se habla de evolución en términos generales, se hace referencia a cambios continuos progresivos, y en biología, evolución se identifica con el paradigma imperante darwiniano, que incluye los mecanismos causales de los cambios evolutivos y la tesis de la descendencia del ancestro común.

El paradigma evolutivo biológico darwiniano es compartido por la mayoría de los biólogos contemporáneos, y muchos lo toman como un hecho establecido sin discusión, desde el cual se plantean los estudios biológicos, se evalúa el valor 'científico' de las investigaciones y se interpretan los resultados. Incluso, este paradigma se ha extendido hasta llegar a sostener que la vida misma se originó 'evolutivamente' desde la creciente complejidad de los cambios progresivos del mundo inorgánico ('evolución química'), pero no hay evidencia que demuestre esta afirmación, ni tampoco hay consenso entre los científicos acerca de la vialidad de esta hipótesis; de todas maneras, esta 'evolución química' no es en rigor parte del paradigma darwiniano propiamente tal.

**Ancestro común**

La evolución darwiniana plantea la tesis del ancestro común que propone que todos los seres vivos del planeta provienen de una, o tal vez unas pocas fuentes originales. Desde este origen común, la vida se expandió progresivamente en el planeta, en un proceso gradual de pequeños pasos mediante los mecanismos evolutivos de variaciones espontáneas y selección natural. De este modo, los seres orgánicos fueron multiplicándose y diversificándose lentamente para conformar el "árbol de la vida" en la historia de la Tierra. Esta tesis del ancestro común calza perfectamente con los mecanismos evolutivos darwinianos: especies emergiendo de otras gracias a las variaciones y selección natural. En términos generales, también se argumenta en favor de esta tesis, señalando que si todos los seres vivos comparten básicamente los mismos elementos bioquímicos, es razonable pensar que todos provienen de un mismo origen; además, se notó que las características de los seres vivos de una región geográfica no podían ser explicadas completamente por una adaptación local, sino que era necesaria la contribución de la influencia de un origen común de ellos. (1:15).

Sin embargo, la nitidez del árbol de la vida no parece ser tan claro en sus etapas iniciales; en la actualidad se piensa que en el desarrollo de los seres orgánicos primarios intervinieron mecanismos diferentes a la descendencia vertical del árbol de la vida. Se postula que la vida se remonta a alrededor de 3.500 millones de años con la presencia de organismos muy primitivos, células anucleadas sin orgánulos, los prokaryotidos. El próximo paso evolutivo, millones de años después, fue la aparición de células más complejas – los eukaryiotidos--, que se piensa se generaron por un mecanismo evolutivo horizontal, endosimbiosis, esto es, bacterias fueron incorporadas en el protoplasma de otras, para evolucionar como mitocondrias en el reino animal, y cloroplastos en el reino vegetal. (1:15-16) En todo caso, el árbol de la vida se acepta con un desarrollo más claro en los seres pluricelulares.

### Semejanzas: Homologías y analogías

La reconstrucción del árbol de la vida de la evolución se realizó tradicionalmente mediante el estudio comparativo de semejanzas y diferencias morfológicas en los seres vivos de la actualidad y en los fósiles, asumiendo que las semejanzas revelan relación evolutiva cercana y las diferencias, lejanía genealógica en el origen común de todos los seres vivos. Se considera también que los órganos vestigiales (cóccix, apéndice, etc.) son una muestra de continuidad filogenética. La distribución geográfica de las especies y el aislamiento se han considerado como factores complementarios en la interpretación de los estudios morfológicos. Los resultados de estos estudios se consideran 'evidencias' que apoyan la tesis evolutiva y la construcción del árbol de la vida a partir del ancestro común.

Es interesante notar que en la taxonomía, para clasificar los distintos organismos se prefieren las semejanzas morfológicas (homologías), suponiendo que son más significativas que las semejanzas funcionales (analogías); por ejemplo las alas de los pájaros y las alas de los insectos son semejantes funcionalmente (análogas), pero no lo son estructuralmente. Darwin consideró las semejanzas morfológicas (homologías) indicativas de proximidad evolutiva en la descendencia común. La teoría evolutiva considera que las analogías (semejanzas funcionales) de los organismos son más bien productos de 'convergencia', esto es, productos de la similitud de ambientes y selección natural, y adaptación a 'nichos' similares del medio; las analogías no son indicativas de cercanía evolutiva. Pero, no siempre es evidente la similitud de ambiente que se supone favorece la evolución de las analogías en animales ubicados en distantes regiones del planeta (lobos muy parecidos en América del Norte y Australia, pero estos últimos son marsupiales, por tanto pertenecientes a categorías taxonómicas distintas). La diferencia entre analogía y homología no es inequívoca, como se ve también en el caso de la estructura corporal de los delfines y ballenas que es similar a la de los peces, pero los biólogos no la consideran una homología, sino una analogía. (2:118-120) Estas dificultades ilustran los problemas que presenta la reconstrucción del árbol de la vida basado en el estudio de semejanzas y diferencias de los seres orgánicos; de la sola semejanza estructural de dos fósiles no se puede deducir que uno provenga necesariamente de otro.

## Fósiles

La existencia de un árbol de la vida con un origen común, aunque popular, tiene críticos que señalan problemas en la demostración de su existencia como lo propone la teoría darwiniana. El estudio morfológico de los seres orgánicos para construir el árbol de la vida depende fuertemente de la existencia de fósiles, y de las teorías geológicas pertinentes (edad, distribución, etc.). Uno de los problemas que presenta la tesis de la evolución del ancestro común es precisamente la ausencia de fósiles que demuestren la presencia evolutiva de especies intermediarias --de transición-- entre especies y muy particularmente entre phyla y otras categorías taxonómicas mayores (la taxonomía de mayor a menor va de: reino, phyla, clase, orden, familia, género y especie). Las pocas excepciones de fósiles de transición que se presentan no son considerados auténticos seres intermedios, no representan un genuino puente entre dos categorías taxonómicas distintas (particularmente en los troncos mayores), sino que pertenecen a una o a la otra especie (es en las especies donde se postula fundamentalmente la existencia de estas excepciones). Un caso frecuentemente usado para reconstruir el linaje de reptil a mamífero la constituye la presencia de fósiles de terapsides, un reptil parecido a los mamíferos. Existen varios tipos de estos fósiles que los evolucionistas arreglan en sucesión de acuerdo a sus estructuras, para demostrar la transición de reptil a mamífero; pero las etapas de transición no corresponden con la edad geológica del fósil, y fósiles que se suponen sucesivos aparecen en lugares geográficos muy distantes, por lo que su sucesión no parece posible. Pero más significativo, es que el arreglo que se hace de la sucesión de estos fósiles es arbitrario, el linaje puede ordenarse de diversas maneras con la gran variedad de terapsides disponibles, y sólo algunos se consideran ancestros de los mamíferos, con lo que se plantea el problema del criterio de elección y los sesgos involucrados en su determinación; habitualmente esta selección se hace con métodos estadísticos de selección de semejanzas. En suma, estos casos son muy controversiales y metodológicamente cuestionables. (2:81-85) En el reino vegetal se encuentra la misma situación de discontinuidad evolutiva que en el reino animal.

Es interesante notar que el estudio de fósiles muestra que la mayoría de las phyla actuales (95%) aparecen (aproximadamente 550 millones de años atrás ("explosión cámbrica") totalmente formadas en el record de fósiles conocidos, en un periodo relativamente corto de tiempo (de 5 a 10 millones de años), aparentemente sin predecesores. La mayoría de los organismos anteriores a la explosión cámbrica son unicelulares, con unas pocas excepciones de organismos pluricelulares muy simples. Además, el estudio de los fósiles muestra que hay especies, como la Bryozoa semejante al coral, y la salamandra, que han permanecido estables ('estasis'), sin cambios evolutivos por millones de años (los llamados 'fósiles vivos'); y otros que permanecen sin variaciones importantes por largo tiempo, y se extinguen. (2:57-90) Esta es una situación reconocida por biólogos y paleontólogos; así, Cheethan y Jackson escriben: "muchas especies de fósiles aparecen morfológicamente diferenciadas en el record de fósiles y persisten sin indicación de morfologías transitorias por millones de años." (3:579-582)

Los estudios paleontológicos indican una historia evolutiva con periodos de cambios rápidos con aparición de especies formadas, seguido de periodos de estagnación; este tipo de evolución se ha denominado: Equilibrio Puntuado ('evolución a saltos'), que es un cambio del gradualismo de pequeños pasos en el movimiento evolutivo constructor del árbol de la vida, propuesto por el darwinismo clásico. Pero esta teoría es una variación del neodarwinismo, no se trata de una aproximación teórica totalmente nueva y diferente, porque no abandona la idea de evolución de una especie en otra mediante los mecanismos neodarwinianos; esta tesis sólo postula que el período de transición de las especies en el árbol de la vida es muy veloz, de modo que las especies van cambiando muy rápidamente sin dejar tiempo para que se asienten y dejen fósiles para la posteridad; los fósiles son sólo de las especies finales que se adaptaron a nuevos nichos ecológicos. Pero este argumento no es convincente, entre otras razones, porque los cambios de phyla de los animales, aún si rápidos, debieran haber dejado rastros fósiles. (2:73-75)

Sin duda estos periodos de estabilidad evolutiva son una contrariedad para el darwinismo tradicional de cambios graduales continuados, pero la teoría encuentra posibles explicaciones, argumentando que el status quo es más beneficioso para la sobrevivencia del organismo que cualquier cambio o, simplemente, que sólo han ocurrido mutaciones neutras sin ventajas especiales. (Esta es una muestra de la 'flexibilidad' explicativa de la teoría que le otorgan sus características estocásticas). En cuanto a la aparición rápida de especies formadas se argumenta también, que podría explicarse con la teoría del evo- devo (ver más adelante).

**Biología molecular y evolución.**

El avance de la biología molecular ha permitido estudiar las mutaciones sucesivas que han sufrido los organismos en su evolución, y que quedan grabadas en el ADN de los descendientes; de tal modo que los ADN actuales constituyen para el darwinismo, un testimonio vivo de la historia filogenética de los individuos y de las especies. Del mismo modo, las macromoléculas, reflejos de información genética, son un material de estudio para la construcción del árbol de la vida; estas macromoléculas, como por ejemplo, el Citocromo C y la hemoglobina, son idénticas para todos los miembros de una especie. El estudio comparativo de semejanzas y diferencias en las secuencias de los elementos constituyentes de estas estructuras proteicas (ADN y macromoléculas), sirven, como en el caso de los estudios morfológicos, para determinar las relaciones filogenéticas de las especies, además de constituir un 'reloj' de la evolución.

Los estudios filogenéticos moleculares gozan de considerable prestigio y muchos biólogos los presentan como indicativos claros e irrefutables de la evolución, y parcialmente de la tesis del ancestro común. Pero estos estudios presentan varias dificultades. De partida las dificultades técnicas de alinear y comparar miles de elementos proteicos de los complejos moleculares, es una tarea considerablemente complicada, y como consecuencia de estas dificultades, los resultados obtenidos en estas investigaciones son muy dispares, tanto en la determinación del tiempo en que supuestamente ocurrieron los sucesos evolutivos (mutaciones), como en la determinación de las relaciones entre los distintos grupos de animales (especialmente de las grandes categorías taxonómicas). Incluso se presentan resultados contradictorios cuando se comparan estudios de la secuencia del ADN con el del rARN (ácido ribonucleico del ribosoma) de una misma especie. (2:127-131)

A pesar de estos problemas, la doctrina neodarwinista sostiene que el árbol de la vida generado con los estudios moleculares coincide con el árbol de la vida construido en base a las características morfológicas de los organismos; pero, existen, según los críticos, varias áreas de conflictos como se da, por ejemplo, en el superorden de animales africanos Afroteria. En este grupo de mamíferos se encuentran animales con características morfológicas diferentes, como son, el elefante y el oso hormiguero, sin embargo, los estudios de la biología molecular apoyan un origen filogénico común de este tipo de animales, aunque existan muy pocas sinapomorfías (características-compartidas-derivadas) inequívocas. (4) Una situación similar de disparidad se da en el homo sapiens y los chimpancés, cuya diferencia molecular es limitada (en un momento se consideró que era sólo de aproximadamente un

1%; en la actualidad se ha mostrado ser mayor), sin embargo, las diferencias morfológicas (y funcionales!) son mayúsculas.

Se ha observado en los estudios comparativos que algunos de los 'fósiles vivos', como las lambreas marinas y los lungfish, han permanecido morfológicamente estables por millones de años, pero las secuencias moleculares son muy diferentes. De acuerdo a la tesis evolutiva del ancestro común, estas especies debieran tener similitudes moleculares importantes, ya que su origen se remonta a 350 millones de años, lo que significa que estarían más cerca del tronco común de origen; sin embargo, en estos animales se ha producido un desacoplamiento de la evolución morfológica de la evolución molecular, la primera se estabilizó, mientras que la segunda habría continuado evolucionando. La correspondencia entre el árbol de la vida construido con estudios morfológicos y el construido con estudios moleculares muestran muchas áreas de discordancia, lo que les resta fuerza para establecer el mapa evolutivo de los seres vivos.

Los estudios realizados con técnicas moleculares para determinar el 'ancestro común' han sido particularmente problemáticos para el darwinismo. Además de los problemas ya mencionados, los resultados tienden a mostrar que los organismos ancestrales compartieron genes en forma horizontal, esto es --como ya lo mencionamos--, endosimbiosis. El ancestro común, como un tronco genético evolutivo lineal vertical desaparece para dar lugar a relaciones evolutivas más parecidas a una red de organismos, de los cuales podrían haber surgido los seres vivos más complejos. Como la evolución y el ancestro común son dos conceptos diferentes, se puede decir que las evidencias que favorecen un tronco único de origen para todas las especies parecen menos convincentes que las evidencias existentes para apoyar la tesis de la evolución, considerada como paso de una especie a otra.

**Evo-devo**

Las disparidades del árbol de la vida desde el punto de vista molecular y morfológico y la aparición brusca de nuevas especies, se han intentado explicar recurriendo a la tesis del evo-devo (evolutionary developmental biology) que postula la presencia de genes reguladores que pueden modificar el desarrollo de importantes segmentos corporales. Estos genes que controlan el desarrollo de segmentos corporales se denominan genes homeóticos y funcionan como "interruptores" de otros genes; de modo que la carga genética del organismo no opera constantemente, sino que su expresión es regulada por genes reguladores que responden a estímulos variados, incluyendo factores ambientales. La teoría evolucionaria postula que las mutaciones en estos genes homeóticos producirían cambios morfológicos macroscópicos que explicarían la evolución brusca de las especies. Pero, curiosamente estos genes homeóticos son universales, se encuentran en casi todas las especies, que obviamente son estructural y funcionalmente diferentes; de modo que estas diferencias no pueden ser causadas por estos genes, lo que es lógico, pues su función es ser sólo 'interruptores', no poseen el plan del desarrollo del organismo, este plan depende de otros genes y de la influencia 'ambiental' en el más amplio sentido (epigénesis), por lo que no es de extrañar que las manipulaciones experimentales de los genes homeóticos generen simplemente monstruosidades, nunca elementos de una nueva especie. Además, la tesis neodarwiniana propone que estos genes universales estaban presentes ya en el ancestro común, pero esta proposición entraña el serio problema que este ancestro común, aún no poseía la carga genética que es producto de adaptaciones sucesivas posteriores; de este modo surge entonces la cuestión de cómo se generaron estos genes 'interruptores', antes de la aparición de la carga genética de los organismos sobre los que operan. (5. 2:49-52) En todo caso, la presencia de genes control tan similares en las diferentes especies, con planes de desarrollo también similares, pueden ser consideradas como una indicación de evolución y de ancestro común (independiente de la validez de los mecanismos darwinianos); pero, dentro de un contexto amplio filosófico-teológico, no constituyen una prueba irrefutable.

**Dificultades metodológicas de los estudios de la evolución y ancestro común.**

Si analizamos el argumento de las 'evidencias evolutivas' de los estudios morfológicos basados en semejanzas y diferencias indicativas de cercanía o lejanía filogenética respectivamente, vemos que se apoyan en el supuesto que estas semejanzas y diferencias morfológicas y moleculares son indicativas de una expresión de relación evolutiva de los organismos comparados. Si este supuesto es suficiente para concluir la relación filogenética no parece totalmente aceptado, al menos no se le considera como suficiente, pero sin duda es un argumento a favor de la evolución. Todos los estudios morfológicos (anatomía comparada, palenteología, etc.), descansan en este principio: semejanza = cercanía evolutiva, diferencia = distancia evolutiva. El árbol de la vida se construye entonces, apoyado en estudios que parten de este supuesto básico y fundamental, por lo que sus resultados no son plenamente aceptados. Estas conclusiones pueden considerarse perfectamente razonables, pero distan de ser una evidencia incontrovertible.

Schwartz & Maresca (6) por su parte señalan también, que las semejanzas (y disparidades) que se observan en los estudios comparativos de las secuencias del ADN parten del supuesto que representan relación y distancia filogenética de los organismos estudiados, siguiendo el contexto interpretativo de la teoría darwiniana, generando así, una semicircularidad. Estos autores rechazan también la hegemonía con que se ha presentado la teoría molecular para los estudios filogenéticos, y concluyen: "reconociendo que el desarrollo orgánico es un proceso altamente controlado, conduce por sí mismo a una unión de la "morfología" y de las "moléculas" de un modo que puede llevar a modelos más realistas del cambio evolucionario y de los acercamientos metodológicos para la reconstrucción filogenética." (6:369) Estos autores continúan asumiendo el paradigma evolucionario darwiniano, pero modifican la tesis del ancestro común.

**Ausencia de evidencia de especiación.**

La evidencia del surgimiento de nuevas especies es fundamental para confirmar la evolución de los seres orgánicos, pero como es lógico, no hay evidencia directa de este fenómeno en la naturaleza, la evolución es un proceso que ocurre en una escala de tiempo geológico. Las investigaciones de laboratorio que intentan mostrar la especiación han generado solamente variedades de una misma especie, aún con cese de capacidad de cruzamiento entre ellas, pero no verdaderas nuevas especies. Si estas variaciones, o 'especies incipientes' como se les denomina, son en verdad un paso hacia la verdadera especiación, no ha sido confirmado empíricamente. (7)

Sin embargo se han observado nuevas especies en casos de duplicación de cromosomas (poliploidismo) en plantas de flores, y en experimentos de hibridación de especies distintas para formar una nueva. Pero este tipo de especiación (especiación secundaria) no conduce a cambios morfológicos mayores, ni genera evolución de categorías taxonómicas importantes. (2:99-102)

**Dificultades con los mecanismos de la evolución**

A las críticas mencionadas de la reconstrucción de un árbol de la vida, se suman otros argumentos que cuestionan seriamente los mecanismos postulados como causales de los cambios evolutivos: variaciones espontáneas y selección natural. En este sentido cabe mencionar brevemente dos argumentos críticos, ambos señalando la imposibilidad de explicar mediante la combinación del azar (ocurrencia de variaciones/mutaciones) y de las leyes naturales la formación de estructuras biológicas compuestas. Una objeción la constituye el argumento estadístico, que básicamente consiste en señalar que la complejidad biológica, por ejemplo, de una simple macromolécula, es de tal magnitud que el tiempo requerido para que se genere una macromolécula por reacciones químicas fortuitas, rebasa la edad de la tierra y del universo.

El otro argumento, señalado por Michael Behe (8), es el de la "complejidad irreducible" de las estructuras biológicas complejas; el autor define este concepto: "...un sistema único compuesto de varias partes integradas, interactuando para contribuir a una función básica, por lo que al eliminar cualquiera de sus partes, causa que el sistema cese de funcionar efectivamente." (8:39). En estos sistemas la función tiene que ser la necesaria para el contexto en que se encuentra, y no posible de ser realizada por sistemas irreducibles más simples. Existen numerosos sistemas irreducibles en el organismo viviente, Behe ilustra su tesis analizando las estructuras funcionales del flagelo bacteriano, del sistema de la coagulación sanguínea, del sistema inmunitario, y otros; todos estos sistemas están constituidos por numerosas partes (proteínas) integradas para cumplir una función específica que cesa de ser operativa, al fallar cualquiera de sus partes. Para Behe, estos sistemas irreducibles no pueden haberse generado en pasos evolutivos progresivos como lo propone la teoría darwiniana, porque para que estos sistemas funcionen, con función operativa específica, por ejemplo, coagular la sangre, se necesitan todos sus componentes. Los pasos evolutivos graduales progresivos, perfeccionando e incrementando estructuras y función, que debe permanecer constante en la vía evolutiva directa, simplemente no son posible lógicamente, puesto que las etapas intermedias no poseen todas las partes, no funcionan, y, por tanto son susceptibles de ser eliminadas por la selección natural. La vía directa de evolución darwiniana a pequeños pasos progresivos es una imposibilidad lógica para explicar los sistemas irreducibles.

La comunidad darwinista prefiere la explicación evolutiva indirecta para explicar los sistemas complejos irreducibles, esto es, la utilización de partes evolucionadas para servir en otros sistemas con distintas funciones que se combinarían para generar el sistema complejo irreducible, algo así como la elaboración de un patchwork (parches pegados unos a otros) o bricolage. Pero esto implica que las partes utilizadas para el patchwork se deben liberar de sus funciones previas para ensamblarse y formar un nuevo sistema finamente integrado con una función específica diferente. Este cuadro es una opción con inmensas dificultades, ya que se trata de la formación de un sistema nuevo, altamente coherente y de gran complejidad, el que resulta imposible imaginar que pueda formarse de 'parches' sin modificaciones, y solamente por el mero azar, que envuelve una concatenación de coincidencias genéticas que codifican las proteínas envueltas, sus modificaciones y su ensamblaje sincronizado para formar el sistema complejo irreducible. A estas impresiones cualitativas de las dificultades del proceso darwiniano, se ha agregado la aplicación del cálculo de probabilidades a cada una de las etapas necesarias que se deben cumplir para completar un patchwork El análisis de las probabilidades muestra, en los sistemas sencillos en donde se puede aplicar esta técnica, resultados adversos a la probabilidad de la proposición darwiniana. (2:189-193)

Otra vía indirecta evolutiva consiste en imaginar sistemas con ciertas funciones, que se acoplan --co-optan-- para formar un sistema nuevo con una función distinta: el sistema complejo irreducible que se trata de explicar. Esta propuesta tiene que indicar específicamente cómo se puede cambiar de un sistema a otro, a uno más complejo e integrado para realizar una función nueva; la única manera de lograr esto es apelar al nivel genético en donde las mutaciones posibilitarían el ensamblaje del nuevo sistema (como se trata de sistemas complejos se puede esperar que hayan numerosos genes envueltos que deben mutar para hacer posible el cambio al nuevo sistema; lo que es muy improbable si fuera posible).

Estas explicaciones neodarwinistas son abstractas, especulativas, aparentemente plausibles, pero resultan inverosímil cuando se analizan concretamente los pasos implicados, se calculan sus probabilidades y se exige la presentación de detalles bioquímicos concretos de las vías evolutivas posibles. Además, no hay en la naturaleza evidencia de este tipo de evolución de coevolución y co-opción; una posibilidad empíricamente no demostrada. (2:151-156)

Los mecanismos darwinianos postulados como causas de la evolución están actualmente sometidas a dura crítica, de modo que no se pueden utilizar como pruebas de la tesis de la evolución; la evolución de los organismos y los mecanismos de la evolución darwinianos son dos conceptos diferentes. En este sentido hay más evidencia y aceptación del proceso de la evolución que de los mecanismos darwinianos propuestos para su generación.

## Importancia del ancestro común

La tesis de la evolución con ancestro común es de particular importancia para la teoría de la evolución darwiniana, porque esta teoría postula mecanismos específicos para explicar la evolución y el origen de las especies. Estos mecanismos son los responsables de la ramificación del árbol de la vida, de modo que un tronco único ramificándose con modificaciones corresponde perfectamente con los mecanismos postulados. Tanto las semejanzas como las diferencias morfológicas del árbol de la vida son explicadas por las variaciones espontáneas y la acción de la selección natural, y al mismo tiempo los mecanismos propuestos encuentran justificación en la tesis del ancestro común. La tesis de la evolución con ancestro común y los principios de acción darwiniana se apoyan mutuamente, pero son conceptos diferentes: evolución, ancestro común y mecanismos evolutivos (variaciones y selección natural).

Darwin asumió que la taxonomía de las especies era natural (no nominal) –un hecho dado en la naturaleza--, e indicativo de evolución de las especies por las semejanzas y diferencias existentes entre ellas; de modo que los mecanismos evolutivos propuestos por Darwin, se apoyan significativamente en la 'evidencia' de la evolución en la taxonomía natural. Pero las dificultades en demostrar independiente y fehacientemente la evolución de los seres vivos con un tronco evolutivo común, le quita apoyo a la veracidad de los principios causales de la evolución; y del mismo modo, las críticas acerbas de los mecanismos evolutivos, disminuye la credibilidad de la evolución. Pero como hemos señalado, se trata de conceptos diferentes que deben ser evaluados independientemente. La teoría de la evolución darwiniana considerada como una unidad, sin tener presente las tesis que la componen, puede conducir a confusiones.

La quiebra en la evidencia del 'árbol de la vida' constituye un serio golpe a la concepción evolutiva darwiniana, sin embargo,

Doolittle & Bapteste piensan que la teoría de la evolución en su versión neodarwiniana no necesita del árbol de la vida para confirmar los mecanismos que rigen la evolución de los organismos: "...nuestra comprensión de la evolución a nivel molecular, de la genética de población y a nivel ecológico es de carácter rico y pluralístico y no requiere (o justifica) una vista monística de la organización de la filogenia". (9) Estos autores aceptan entonces la evolución, los mecanismos evolutivos neodarwinianos, pero rechazan la tesis del ancestro común. Por otra parte, los biólogos que aceptan la tesis evolutiva del ancestro común sostienen que su credibilidad no significa apoyo a los mecanismos evolutivos darwinianos. (15:95)

**Neodarwinismo y evolución**

Las variaciones en el darwinismo tradicional son rasgos externos observables en los organismos, las mutaciones en cambio, son fenómenos internos, no observables, en el seno de la cadena de ADN. El conjunto de rasgos morfológicos y funcionales manifiestos en un organismo es lo que se conoce como fenotipo. La formación del fenotipo depende de la interacción de la carga genética del organismo (genotipo) y el ambiente tanto extracelular como celular e influencia de otros genes. Los caracteres heredables radican en los genes, pero su acción se expresa mediante la instrumentalización de estructuras generadas por epigénesis (ambiente, incluyendo las estructuras funcionales aportadas por el óvulo materno).

Las mutaciones pasan a ser parte del genotipo del ser vivo, y su efecto en el fenotipo, está condicionado por el ambiente, como toda la expresión del genoma (conjunto de la carga genética del organismo). Para la síntesis darwiniana, la evolución es el resultado de la 'variación' genética que se expresa en la variación del fenotipo sobre la que actúa la selección natural.

El neo-darwinismo postula tres mecanismos básicos para que ocurra la evolución: (a) La selección natural que favorece los genes que mejoran la capacidad de sobrevivencia y reproducción. (b) El desplazamiento ("drift") genético que es el cambio fortuito en la frecuencia de alelos (genes distintos para un rasgo particular) generado en la reproducción; por el sólo azar del desplazamiento genético pueden desaparecer ciertos alelos y fijarse un rasgo en la población especialmente cuando no hay una presión selectiva fuerte, por ejemplo, negro y blanco para el color de polillas; esta tesis del desplazamiento genético se desarrolló como consecuencia de la tesis de la ocurrencia de mutaciones neutras, que no son ni particularmente ventajosas, ni desventajosas para el potencial reproductivo. (c) Y el flujo de genes que se produce en las migraciones hacia fuera o hacia dentro de una población de la misma especie (animales que llegan o se van de un grupo traen o sacan material genético) (1:5-8). El juego de estos factores determina la forma genética y las características fenotípicas de las poblaciones biológicas; estos factores se incorporan en sofisticados procedimientos matemáticos para proyectar un paisaje evolutivo.

No hay evidencia empírica que confirme que los mecanismos evolutivos propuestos por la síntesis darwiniana sean capaces de generar especiación; las investigaciones realizadas sólo han logrado variedades en una misma especie, no cambio de especie. Se puede señalar que las variaciones genéticas, si van a generar nuevas estructuras funcionales, tendrán que depender en última instancia de la ocurrencia de mutaciones beneficiosas para el proceso evolutivo, porque el sólo barajar genes no genera nuevo material de especiación.

El neo-darwinismo coloca a la selección natural como un factor más entre los mecanismos de la evolución; sin embargo, y, en rigor, pareciera que la selección natural –como condición natural básica de todos los seres vivos de vivir en un ambiente-- está siempre presente en el proceso evolutivo; si el desplazamiento o el flujo genético generaran cambios en detrimento de la reproductividad del organismo serían eliminados por la selección natural

## Micro y macroevolución

No hay duda, debate, ni controversia que los organismos de una misma especie presentan variaciones de rasgos: los seres vivos se ajustan a las condiciones de su medio. Darwin mismo describió los cambios dentro de una especie en la selección artificial realizada por los hombres (en perros, vacunos, etc.), y en la naturaleza misma, como es el caso de los famosos pinzones de los Galápagos, que cambian el grosor del pico según las condiciones del ambiente, se engruesa en tiempos de sequía para que el ave pueda romper semillas más macizas y duras, y se agudiza cuando vuelven las lluvias. Esta 'evolución' adaptativa, siguiendo la selección natural, la denominó Theodosius Dobzhansky, microevolución.

Desde el punto de vista genético, los cambios heredables dentro de la especie – microevolución--, se explican fundamentalmente por la presencia de genes recesivos que encuentran expresión por la recombinación genética de la población (la posibilidad de mutaciones fortuitas de rasgos menores, también se considera posible (10:201)); la selección natural --o artificial--, va seleccionando aquellas expresiones genéticas más adaptativas al medio --o a las intenciones del hombre. De modo, que entre mayor sea la carga genética de una población de seres orgánicos de la misma especie, mayor será la capacidad de adaptación; por el contrario, si disminuye el número total de la población y/o disminuye la natalidad, menor será la conservación de la carga genética de esa población, y menor será su capacidad de adaptación al medio con peligro de extinción. (2:33-36)

La teoría de la evolución darwiniana propone que las variaciones espontáneas que se observan en una especie, al ser heredables, se van acumulando de tal modo, que al correr del tiempo los cambios son tan significativos que se genera una especie diferente que ya no puede cruzarse con la antigua (si aún persiste en algún lugar del planeta); en otras palabras la teoría propone que con el tiempo la microevolución genera una macroevolución. Pero como ya hemos visto anteriormente, esta proposición es un supuesto, ya que ni Darwin, ni nadie ha sido testigo de un fenómeno de esta naturaleza, ni tampoco las investigaciones de laboratorio han demostrado fehacientemente cambio de especies. Sin embargo, los adherentes a la concepción evolutiva darwiniana continúan sosteniendo que no hay una diferencia fundamental entre micro y macroevolución; la única diferencia es sólo el tiempo envuelto.

Los mecanismos genéticos señalados por el neodarwinismo (además de las mutaciones): desplazamiento ("drift") genético y selección ("fijación") de genes en poblaciones reducidas y aisladas, con pérdida de genes de la población original, no pueden explicar la aparición de estructuras morfológicas y funcionales nuevas, constructoras de macroevolución; no hay evidencia empírica de esta situación, ni tampoco constituye una proposición teórica satisfactoria, ya que con estos mecanismos genéticos se produce fundamentalmente un empobrecimiento de la carga genética, incapaz de generar los cambios morfológicos y funcionales, para la creciente complejidad y riqueza de la evolución de los seres vivos. Pero, aún olvidando esta objeción, si se aceptara que es posible explicar la macroevolución por estos mecanismos –sin contar posibles mutaciones aportando material genético nuevo--, significaría que la evolución está inscrita en la carga genética del ancestro común mismo; una consecuencia no aceptada por el darwinismo. De manera que en última instancia, las mutaciones constituyen el único mecanismo posible de generar materiales nuevos para la especiación.

Considerar la macroevolución como una consecuencia necesaria de la microevolución, no es una deducción lógica, ni una observación empírica; nunca se ha observado un cambio de especie en la selección artificial (ni en laboratorios), a pesar de realizarse por años y centurias. La selección artificial ha generado variedades, a veces dramáticas, como es el caso del San Bernardo y el Chihuahua, pero no se ha observado nunca un cambio de especie; en el ejemplo anterior, ambas variedades continúan perteneciendo a la misma especie: perros. Además, es importante tener presente que los variedades logradas en la microevolución tienden espontáneamente a volver a su estado inicial, si las condiciones ambientales cesan de elegir las variaciones adaptativas. Por otra parte, la selección artificial si excesiva, tiende a producir ejemplares débiles, estériles y dependientes del hombre para su existencia.

Las diferencias entre micro y macroevolución son fundamentales. La microevolución, como ya hemos visto, se considera debida a una recombinación de genes existentes en la especie y mutaciones simples (como el desarrollo de resistencia a los antibióticos de las bacterias); en cambio, la macro evolución implica las apariciones de genes nuevos –mutaciones al azar--, no previamente existentes, responsables de los cambios estructurales y funcionales requeridos por la especiación. Afirmar que la macroevolución es una consecuencia de la microevolución, es simplemente una afirmación sin ninguna evidencia empírica. Sin embargo, numerosos científicos se sienten inclinados a aceptar la evolución de las especies por las evidencias circunstanciales mencionadas anteriormente, sin adscribir a los mecanismos darwinianos.

## Situación de la evolución darwiniana

La teoría de la evolución darwiniana como una unidad (incluyendo los mecanismos evolutivos) que se propone explicar el origen de las especies, goza de plausibilidad para muchos intelectuales, pero tiene muy escasas probabilidades de ser viable; por eso Alvin Plantinga escribe con respecto a esta teoría: "Que es posible es claro; que sucedió es dudoso; que es cierto, es ridículo." (11:13 [internet]) La teoría de la evolución darwiniana en rigor no puede probar positiva ni científicamente la evolución de las especies desde un tronco común, ni tampoco puede demostrar convincentemente que los mecanismos propuestos para explicar la evolución sean capaces de llevarla a cabo. Se sostiene con frecuencia que la teoría de la evolución darwiniana es una teoría acerca de un hecho histórico único e irrepetible, por lo que no se puede exigir una demostración positivista de su validez, sólo se requieren 'narrativas históricas' o 'escenarios tentativos' con un grado aceptable de plausibilidad. Pues, es precisamente a este nivel de la plausibilidad de los mecanismos propuestos para explicar la evolución, donde los argumentos estadísticos le dan un golpe rotundo, con ellos la plausibilidad de dichos mecanismos disminuye dramáticamente y, con la complejidad irreducible, las dificultades del darwinismo sobrepasan los límites aceptados por la teoría de las probabilidades. Dado el estado actual de los conocimientos de la microbiología, no es suficiente entonces, proponer posibles soluciones evolutivas darwinianas meramente plausibles, sin especificaciones concretas, que expliquen todas las estructuras biológicas complejas. La ciencia exige evidencias y, si se postula que un sistema bioquímico es explicable por vía de mecanismos darwinianos, se deben presentar los pasos concretos involucrados contextualizados en el tiempo geológico, y someterse a las investigaciones que corresponda; pero esta actitud no siempre prevalece entre los proponentes de la evolución darwiniana que se encierran en especulaciones de mecanismos darwinianos por vías no conocidas ni demostrables experimentalmente, ni evidentes en la naturaleza. (13)

Muchas veces se lee o se oye la afirmación que la evolución darwiniana con ancestro común y causado por los mecanismos evolutivos propuestos por la teoría, es un hecho confirmado, e inscrito en dura roca. Pero esta afirmación no puede tomarse como tal. Como hemos señalado repetidamente, esta teoría está constituida por tres tesis diferentes que tienen distinto grado de verisimilitud y de apoyo empírico. Así, la modificación de estructuras existentes para usos diferentes, con preservación de estructuras internas, como son los huesos de las alas de los murciélagos que son estructuralmente similares a las manos humanas y a las aletas de las focas; y la presencia de órganos vestigiales como la presencia de huesos de cadera en ballenas y serpientes, y ojos ciegos en peces y salamandras que habitan en la oscuridad, además de otras consideraciones que hemos revisado, son fenómenos biológicos altamente sugerentes de un proceso evolutivo de los seres vivos (10:9-10), pero no indican nada de los mecanismos que generan la evolución.

La tesis que parece mejor aceptada por la comunidad científica, aunque difícil de demostrar empíricamente, es la 'tesis de la evolución', especies emergiendo de otras. La 'tesis del ancestro común', como hemos visto tiene críticas serias, sin embargo muchos biólogos la aceptan, principalmente por los estudios de la biología molecular; la determinación de paternidad por estos estudios constituye un argumento muy fuerte para estos científicos. Behe (15:69-72) además menciona como un dato muy significativo para el ancestro común, la coincidencia de pseudogenes en el genoma de humanos y chimpancés, con variaciones de aminoácidos idénticas (aunque pareciera que estos estudios apoyan más bien la tesis de la evolución). En lo referente a la tesis de los 'mecanismos evolutivos' se han formulado críticas serias acerca de su validez para generar macroevolución, y es definitivamente rechazada por creciente número de científicos.

**Bibliografía:**

1. Wikipedia (2008). Evolution.
http://en.wikipedia.org/wiki/Evolution

2. Dembski, Williams A. & Wells, Jonathan (2008). The Design of Life. The Foundation for Thought and Ethics. Dallas 75248

3. Jackson, Jeremy B & Cheetham Alan H (1990). Evolutionary Significance of Morphospecies: A Test with Cheilstone Bryzoa. Science, Vol. 248.

4. Tyler, David (2008). Post details: Responding to the challenges of morphological discontinuity. Literature. A discussion of ID – related Reading.
http://www.arn.org/blogs/index.php/literature/2008/03/29/.

5. Wikipedia (2008). Evolutionary developmental biology.
http://en.wikipedia.org/wiki/Evolutionary_develomental_biology

6. Schwartz, Jeffrey H & Maresca Bruno (2006). Do Molecular Clocks Run at All? A Critique of Molecular Systematics. Biological Theory 1(4): 357-371.

7. Linn, Charles, E., Dambroski, Hattie R., Feder, Jeffrey L., et cols. (2004). Postzygotic Isolating Factor in Sympatric Speciation in Rhagoletis Flies: Reduced Response of Hybrids to Parental Host-Fruit Odors. Preceeding of the National Academy of Science USA 101: 17753-17758.
On line http://www.pnas.org/cgi/reprint/101/51/17753.

8. Behe, Michael (1996). Darwin's Black Box. The biochemical challenge to evolution. Free Press.

9. Doolittle, W Ford & Bapteste, Eric (2006). Pattern pluralism and the Tree of Life hypothesis. National Academy of Sciences.
http://www.pnas.org/cgi/doi/10.1073/pnas.0610699104/

10. Behe, Michael J (2007). The Edge of Evolution. Free Press. New York London Toronto Sydney.

11. Plantinga, Alvin (1991). When Faith and Reason Clash: Evolution and the Bible. Christian Scholar's Review XXI:1 (September 1991): 8-33. También en:

http://www.asa3.org/ASA/dialogues/Faith-reason/CRS9-91Plantinga1.html/

Nota: Las traducciones del inglés han sido hechas por el autor.

# Capítulo IX

## Teoría de la evolución, tres tesis:
## Selección natural y Variaciones/mutaciones.

### SELECCIÓN NATURAL

Durante el periodo de 1900 y 1930 se produjo un eclipse de la selección natural en el movimiento evolucionista. Los esfuerzos teóricos y de investigación fueron invertidos fundamentalmente en el estudio de la genética de poblaciones y en las variaciones/mutaciones, con aceptación de la evolución como un fenómeno regido por unidades discontinuas que pasan de generación en generación (genes). (1:41) Pero la selección natural es un concepto básico en la teoría de la evolución darwiniana, de modo que recobró posteriormente la relevancia que le corresponde.

Darwin se refirió consistentemente a la selección natural como un poder de preservar ("power of preserving") las variaciones ventajosas, eliminando las perjudiciales. Una variación es o no beneficiosa para un individuo, si favorece o no, la adaptación del organismo a las características del medio (alimentos, condiciones climatológicas, etc.), incluyendo la competencia de los seres de la misma especie, o de otra, y de la presencia e intensidad de predadores. Inicialmente Darwin habló de la selección natural "trabajando solamente para el bien" ("working only for the good") de cada ser, un lenguaje antropomórfico y teleológico que evitó más tarde para enfatizar las condiciones generales del medio natural que vive cada ser, como condiciones esenciales para la sobrevivencia y reproducción de los organismos; esta concepción se podría calificar, con las expresiones contemporáneas, como ecológica.

Para Darwin existe un equilibrio dinámico ambiental al que todo ser orgánico debe adaptarse para sobrevivir; es una condición inevitable para todo ser vivo. De modo que todo individuo que nazca con una variación que le facilite la integración al medio que le toca vivir posee una variación ventajosa y, si se trata de una variación que no facilita o entorpece la adaptación, es eliminado. Este poder al que se refiere Darwin no es una entidad que elige, sino una condición inevitable de las condiciones naturales, una ley de la vida natural que Darwin llama Selección Natural. Naturalmente esta ley se hace claramente efectiva cuando los organismos enfrentan condiciones amenazantes, como exceso de población y disminución de los alimentos, pero se puede decir que la selección natural está constantemente presente en la vida de todo ser.

El llamar Selección Natural a esta situación que se genera de la necesidad de adaptación de los seres orgánicos para poder sobrevivir, puede conducir a equívocos, y hacer pensar en la existencia de una agencia natural con habilidades especiales. La manera como Darwin mismo se refirió inicialmente a la selección natural puede dar esa impresión, por ejemplo en On the Origin of Species (2:84) escribe: "La selección natural escoge las mejores variedades con habilidad, sin error." Pero como ya hemos señalado anteriormente, no se trata de ninguna entidad real o ideal que tenga poder de elección, de discernimiento, sino simplemente es una condición resultante del equilibrio entre el organismo y su medio. Por esta razón, algunos evolucionistas han preferido la expresión "sobrevivencia del mejor dotado" ("survival of the fittest"), acuñada por Herbert Spencer, pero Darwin la utilizó sólo parcialmente (3); y esta frase también presenta problemas, y se presta para distorsionar algunos aspectos del proceso de la selección natural y de la evolución.

La selección natural es entonces un proceso de relación entre el organismo y su medio, se trata de un concepto de función que relaciona al ser vivo y al ambiente en que vive. Un caso especial de selección natural es la selección sexual, parte de la teoría evolucionaria desde Darwin mismo. En este caso, la selección es de cualquier rasgo que aumente el atractivo para el sexo opuesto, curiosamente, en algunas especies estos atractivos son desventajosos para el individuo, como son las grandes ornamentas, los cantos nupciales, y los colores brillantes que disminuyen la habilidad de evitar predadores, pero la teoría explica que estas desventajas son menores que las ventajas evolutivas de un buen apareamiento.

La selección natural es un concepto que se puede concebir con facilidad, porque las condiciones del ambiente eliminan obviamente a aquellos individuos nacidos con defectos y debilidades para sobrevivir en su medio, y favorece a los más diestros. Pero Darwin fue más allá en la concepción de la selección natural, para el naturalista, las condiciones del ambiente (ecológico), siempre cambiantes, no sólo 'limpian' la especie de los individuos débiles, sino que permiten que las variaciones espontáneas que se adaptan a las diversas condiciones ofrecidas por el medio ("nichos"), se vayan acumulando por la herencia, y así, gradualmente, los organismos modelados por la selección natural cambien y construyan el árbol de la vida sobre la Tierra. De modo que la selección natural permite, cierne, pero no genera los cambios estructurales y funcionales elegidos, estos son producto de las variaciones/mutaciones de los organismos. La selección natural, modela la evolución gracias al aporte de las variaciones/mutaciones, y constituye un concepto clave para comprender el dinamismo operativo de la evolución darwiniana. (3;23)

Un problema que enfrentó Darwin con la selección natural es que no calzaba adecuadamente con su concepción de la herencia. Para Darwin la herencia consistía en una mezcla de los rasgos de los padres, estos rasgos se mezclan en los progenitores para dar un término medio; de esta manera, si ocurría una variación ventajosa, esta se diluía con el proceso de la herencia, y la selección natural no podía sancionarla positivamente; su concepción de la herencia era incompatible con la selección natural, tornaba inoperante la selección natural y las variaciones/mutaciones. Como veremos en la próxima sección, Darwin modificó su teoría de la herencia, y posteriormente a fines del siglo XIX, con los descubrimientos de las unidades heredables de Gregor Mendel ("factores", "partículas", posteriormente llamados "genes"), se abre una amplia senda para el desarrollo de la teoría de la evolución darwiniana.

La condición básica de los organismos de estar sometidos a esta relación con el ambiente para sobrevivir que se denomina selección natural conduce a una situación, para Darwin inevitable: la 'lucha por la sobrevivencia', a la que todos los seres vivos están sometidos, consciente o inconscientemente, condición que se refleja bien en el instinto de autopreservación. Ya vimos en un capítulo anterior, las dificultades que Darwin tuvo tratando de minimizar las consecuencias de esta cruda lucha por la vida, el naturalista apeló al instinto de simpatía para fundamentar la sociabilidad de los animales sociales y del hombre, y permitir el desarrollo de la conciencia moral; pero las tensiones generadas entre la lucha por la existencia y la simpatía no le permitieron elaborar una tesis coherente y convincente.

Aunque sea difícil acomodar la cooperación y la sociabilidad entre los seres vivos en el esquema darwiniano, no hay duda que este tipo de conducta social es un hecho en el mundo de la vida, desde hongos viviendo en las raíces de plantas en una armoniosa simbiosis, hasta la conducta social humana. Esta situación constituye un punto de tensión insoluble para la teoría de la evolución que planteó la sorda lucha por la existencia de los organismos vivos como central en la dinámica de la vida y de la evolución. De manera que, de la cruda competencia por la subsistencia y reproductividad, se debe pasar a entender y justificar coherentemente la cooperación y sociabilidad de los animales sociales y del ser humano. La única explicación que cabe dentro del darwinismo de este cambio tan sustancial, es que se debe a una variación --a una mutación-- que genera esta tendencia a la asociación y sociabilidad de los organismos, que luego es sancionada positivamente por la selección natural; entonces el objeto de la selección, ya no es el organismo individual, sino que, o el grupo (en abstracto), o más bien, simplemente los genes que gobiernan todo desde la oscuridad. Pero este cambio no mejora en modo alguno la dificultad planteada, especialmente patente en la conducta ética del ser humano, ya que los genes siguen igualmente la ley de la sobrevivencia y de la replicación máxima, sin otra consideración. En capítulos anteriores hemos visto los problemas que se generan con el cambio de objeto de la selección natural, particularmente para dar cuenta del comportamiento del ser humano; pero incluso resulta insatisfactorio para explicar la conducta animal, ya que de este modo, la concepción de estos organismos es reducida a ser simples robots al servicio de un grupo, o peor, al servicio de genes.

## VARIACIONES

La ocurrencia de variaciones sobre las que opera la selección natural es uno de los fundamentos más decisivos de la teoría de la evolución darwiniana. Las variaciones constituyen el material crudo del que la naturaleza selecciona lo adaptable al medio ambiente. Darwin escribió en The Origin of Species:"Cualquiera que sea la causa de cada pequeña diferencia en el vástago de sus padres –y debe existir una causa para cada una- es la acumulación mantenida, mediante la selección natural, de tales diferencias, cuando beneficiosas para el individuo, la que genera todas las más importantes modificaciones de estructura." (4:170) En rigor podemos decir que el misterio de la evolución darwiniana radica en esta maravillosa posibilidad de cambios de estructura y función que posibilitan las variaciones.

Darwin postuló que las variaciones ocurrían continuamente por el uso o desuso de partes y por efecto del ambiente; pero el naturalista propuso fundamentalmente las -variaciones espontáneas--, precipitadas por factores desconocidos, y les atribuyó una importancia singular en el proceso evolutivo. (5:41-45) Naturalmente consideró heredables estas variaciones; su concepción de la herencia consistía en la mezcla de los rasgos heredados de padre y madre, de modo que los cambios ocasionados por estas variaciones tenían que ser graduales y continuos.

## Gradualismo

Darwin adscribió inicialmente a la teoría del "gradualismo", esto es, la acumulación de pequeñas variaciones a través del tiempo. Esta concepción del gradualismo con la mezcla de caracteres heredados fue revisada posteriormente por Darwin para acomodarse a las críticas que recibió. En la cuarta edición de Origen of Species de 1866, insertó una corrección al gradualismo presentado en el diagrama de la ramificación del árbol de la vida, explicando que el gradualismo continuado representado por la ramificación era confusa, y que las variaciones no ocurren necesariamente en forma continuada; escribió: "Es más probable que cada forma permanece inalterada por largos periodos de tiempo, y luego sufre modificaciones." (6:89, en cita 5:36). Esta progresión escalonada, supone el naturalista, favorecía la estabilización de la variación hasta alcanzar un valor medio, para luego sufrir otro cambio. (5:36)

Pero esta corrección no silenció las críticas a su teoría de la herencia de la mezcla de las variaciones heredadas. Henry Jenkins (7, en cita 5:36) basado en la evidencia empírica del cruzamiento de animales domésticos señaló una limitación de las posibilidades de ocurrencia de variaciones. Usando procedimientos matemáticos no muy sofisticados, este científico demostró que los resultados de los cruzamientos lleva los valores medios de las variaciones heredadas a un retorno de los valores normales, en otras palabras desaparecen. Además, este autor puntualizó que según los cálculos de la edad del universo no habría tiempo suficiente para que ocurriera la evolución como lo proponía Darwin. (5:36-37)

Darwin entonces modificó su tesis de la herencia de mezcla de variaciones y propuso la hipótesis de la pangénesis. De acuerdo a esta nueva visión de la herencia, existirían en las células de los organismos, pequeños gránulos invisibles, las gémulas, que serían susceptibles de alteraciones por las vicisitudes ambientales y otras circunstancias. Estas partículas pasarían al torrente circulatorio y llegarían a las células sexuales. De este modo, Darwin explicó la herencia de las variaciones espontáneas y la herencia de las influencias del medio (lamarckismo), tesis que nunca abandonó. (5:37) Como ya hemos visto, la mezcla de los rasgos de los padres lleva a la disolución de las variaciones espontáneas al diluirse los rasgos en los vástagos, con lo que la selección natural y las variaciones se tornan en mecanismos inoperantes para la evolución; con esta nueva tesis de la pangénesis, Darwin intentó superar este serio problema.

Galton no pudo comprobar la existencia de las gémulas en sus experimentos con conejos, por lo que comenzó a estudiar el problema de las variaciones empleando métodos estadísticos. Este investigador fue el primero en aplicar las teorías matemáticas a la herencia, llegando a la conclusión que las variaciones se heredan en forma discontinua y no gradualmente como lo había propuesto inicialmente Darwin. William Bateson (1861-1926) llegó a conclusiones similares en estudios empíricos y teóricos, afirmando que había discontinuidades fundamentales separando las especies, no compatibles con la mezcla gradual de rasgos.

A fines del siglo XIX y comienzos del siglo XX, se perfilaron dos aproximaciones al problema de las variaciones. Un grupo de científicos, primariamente Hugo De Vries (1848-1935) y William Bateson, siguiendo los importantes estudios de hibridación de Gregor Mendel, apoyaron las variaciones como fenómenos discontinuos posiblemente debidas a alteraciones genéticas que De Vries llamó "mutaciones". (1;41-45)

Por otro lado, científicos como Frank Rafael Weldon (1860-1906) y Karl Pearson (1857-1936), estudiaron las variaciones en poblaciones naturales con procedimientos matemático-estadísticos, absteniéndose de referencias a posibles causas morfológicas no observables; siguieron una concepción epistemológica estrictamente positivista. Estos estudios fenoménicos de análisis matemáticos parecieron dar apoyo a la ocurrencia de variaciones como un fenómeno continuo bajo presiones selectivas específicas, como proponía el darwinismo tradicional. (5;41-45)

### Genética

Se estableció una fuerte polémica entre las dos escuelas de pensamiento acerca de las variaciones. Pero la ciencia –que Bateson llamó "genética"-, se impuso con la aplicación controlada de las leyes de Mendel al cruzamiento experimental de plantas y animales. Se aceptó que solamente las "mutaciones" constituían la fuente de novedades genuinas para la población natural de seres vivos. Toda otra variación fue considerada simplemente resultado de combinaciones de genes determinantes. Se consideró que la selección natural operaba sobre las variaciones generadas por las mutaciones genéticas, produciendo cambios menores capaces de explicar la forma de la curva estadística normal de las variaciones en torno al valor medio de un rasgo cualquiera, como lo mostraban los estudios estadísticos de poblaciones naturales. Sin embargo, estas variaciones no se consideraron suficientes para dar cuenta de la generación de nuevas especies. (5;41-45) Es interesante notar que con la aceptación de la genética se eliminó el lamarckismo, que para Darwin constituía un mecanismo importante en la disponibilidad de variaciones; con esta reducción, en último término, se hicieron responsables a las mutaciones para proveer el material crudo de las variaciones necesarias para los cambios evolutivos propuestos por la teoría.

Con el advenimiento de la genética, el darwinismo solucionó el problema que creaba la concepción de la mezcla genética de los rasgos beneficiosos heredados que se diluían o perdían en los descendientes. La genética aportó una unidad portadora de las variaciones heredables, que no se mezcla ni disuelve en los cruzamientos posteriores, sino que persiste en el conjunto de genes de la población. De este modo, los rasgos heredados no se pierden, aunque no se manifiesten quedan latentes y pueden reaparecer en generaciones posteriores.

### Neodarwinismo

En la década de los 30 surge el neo-darwinismo al que se asocian los nombres de Ronald Alymer Fisher (1890-1962), Sewal Wright y J. S. B. Haldane; el neo- darwinismo une en complementariedad la teoría de Darwin con la genética mendeliana, e incorpora los estudios matemáticos estadísticos de la genética de poblaciones. Ronald Fisher convencido de la verdad de la teoría mendeliana, pudo conciliar matemáticamente el análisis mendeliano de la herencia con la concepción de variaciones continuadas que mostraban los estudios estadísticos de la genética de poblaciones. También Fisher mostró que los coeficientes empíricos de las ecuaciones que gobiernan la dominancia de rasgos en los grupos, es mejor explicado por los factores discretos, –genes- mendelianos, que por los supuestos de mezclas cuantitativas de rasgos heredables. (5;41-45)

Fisher desarrolló posteriormente un acercamiento a la teoría evolutiva basado en principios de la física contemporánea, básicamente la mecánica estadística. Con este enfoque, Fisher concibió los genes como análogos a los átomos de los gases, regulados a nivel de los fenómenos por leyes que podían ser explicadas a nivel atómico por efectos de acción de masa de átomos moviéndose al azar. Con esta analogía, los organismos reales en poblaciones fueron remplazados por modelos matemáticos de genes; de tal manera, la selección natural, que actúa sobre las variaciones morfológicas observables en los organismos, perdió importancia en la dirección de la evolución, atribuyendo estos cambios evolutivos, a resultados de fluctuaciones en las proporciones matemáticas de entidades no observables (genes). (5;41-45)

Fisher fue aún más allá con la influencia de las teorías de la física moderna en los procesos genéticos, propuso que el azar de los acontecimientos genéticos, no era el reflejo de una simple ignorancia de las causas, sino que intrínsecamente eran indeterminadas; o sea, el principio de indeterminación de la escuela de Copenhagen en física cuántica, lo trasladó a la biología; el carácter de fortuito de las variaciones/mutaciones fue reemplazado por el de 'indeterminación'. Como consecuencia de esta conceptualización, se perdió la relación causal determinante de "mutación" y cambio evolutivo, y se acentuó la visión de las variaciones heredadas como totalmente 'ciegas', desde la indeterminación misma del ámbito cuántico. (5:41-45)

### Teoría sintética de la evolución

Después de la Segunda Guerra Mundial se consolida el Neodarwinismo con lo que se ha denominado la Teoría Sintética de la Evolución (Theodosius Dobzhansky, Ernst Myar, Bernhard Rensch, etc.). Esta síntesis puntualiza que las mutaciones o las recombinaciones genéticas ocurren sin relación a la ganancia de posibles ventajas para los organismos, y que estas ventajas si ocurren, sólo se pueden constatar a posteriori cuando la selección natural ha cernido las variaciones adaptativas. La teoría deja claro el carácter fortuito del proceso evolutivo, reemplazando la aparente teleología de la evolución, por el concepto de 'teleonomía"; la evolución no tiene propósito, ni es el propósito una fuerza que guíe la evolución, sino que es más su resultado, una apariencia de propósito.

### Biología molecular: mutaciones

La biología molecular comienza a avanzar significativamente después de la mitad del siglo XX; Oswald Avery y sus colaboradores identifican el ácido desoxiribonucleico (ADN) como el material genético primario, y en 1953 James Watson y Francis Crick identifican la estructura en doble hélice del ADN, esto es, dos cadenas de bases nucleicas entrelazadas. Las bases constitutivas del ADN son: Adenina (A), Citosina (C), Guanidina (G) y Tiamina (T), y el orden que tengan en la cadena, codifica la información para la construcción de las proteínas corporales y las máquinas bioquímicas que las elaboran. Los segmentos de la cadena del ADN que portan información relacionada a un rasgo hereditario se denominan genes. En el proceso de la reproducción sexual y herencia, se duplica –replica-- el ADN, generando una copia idéntica que pasa a los descendientes.

Las alteraciones que puede sufrir el proceso de replicación son múltiples: mutaciones por sustitución en la que se sustituye un nucleótido por otro; mutaciones por omisión, en la que se omiten uno o más nucleótidos; mutaciones por inserción, en la que se añade uno o más nucleótidos; mutaciones por inversión, en las que se invierte una sección del ADN; mutaciones por duplicación de genes; y mutaciones por duplicación total del genoma. (8:67.9:38) Las llamadas mutaciones puntuales se refieren a alteraciones singulares de nucleótidos; y las llamadas mutaciones cromosómicas se refieren a alteraciones de segmentos de ADN, envolviendo a una serie de nucleótidos. Los organismos con mutaciones por inversión de un segmento del ADN no pueden reproducirse con los que no lo tienen, así un mosquito portador de malaria en

África parece estar dividiéndose en grupos que no se pueden cruzar entre ellos. Las duplicaciones de genes y la duplicación del genoma entero constituyen mutaciones que los adherentes a la teoría darwinista piensan juegan un papel muy importante en la especiación; se liberarían genes de sus funciones primarias para generar --mediante nuevas mutaciones--, estructuras funcionales nuevas; sin embargo, Behe (8:73-74) al revisar los fenómenos de duplicación observados en levaduras, encuentra que estas mutaciones no han resultado en estructuras nuevas para estos organismos en millones de años, de modo que la expectación del darwinismo respecto a estas mutaciones, no tiene confirmación empírica. Las mutaciones puntuales las consideraremos en el próximo trabajo.

Los errores de replicación o mutaciones, pasan a ser material genético que se traspasa a los descendientes, de este modo todos los individuos poseen en sus ADN la historia de las mutaciones que han sufrido sus antepasados. Esta característica convierte a la cadena de ácidos nucleicos del ADN en un documento vivo de la historia de las mutaciones de los seres actuales. Como ya hemos visto en un capítulo anterior, los biólogos de orientación evolucionaria, sostiene que es posible elaborar un diagrama con métodos matemáticos, recrear un árbol familiar de un individuo o de una especie, siguiendo las diferencias de las secuencias del ADN. (10:35) Estos investigadores afirman que el árbol de la vida elaborado en base al estudio de los segmentos del ADN de los organismos actuales, coincide con el árbol de la vida construido en base a comparación de formas anatómicas de los seres contemporáneos y fósiles, con algunas excepciones; pero como ya hemos visto, este mapa elaborado con las semejanzas y diferencias moleculares es objeto de críticas, tanto de hechos y evidencias, como metodológicas; de modo que por muy elaborados y sofisticados que sean las estrategias matemáticas empleadas para elaborar estos mapas, parten de supuestos básicos que están bajo escrutinio y crítica.

## Frecuencia de las mutaciones

El proceso de replicación es considerablemente preciso, sólo ocasionalmente ocurre un error; en humanos, y organismos multicelulares, un error ocurre cada cien millones de nucleótidos del ADN copiados en una generación (en el virus del SIDA las mutaciones son muchísimo más frecuentes). Pero como el genoma del ser humano (y otras especies) contiene tres mil millones de nucleótidos, las mutaciones no resultan infrecuentes (se encuentra una mutación en cada 10 a 100 gametos) (8:66, 109-110. 10) Sin embargo, como no todas las secciones del ADN construyen proteínas, no todas las mutaciones tienen expresión evidente.

Las mutaciones de sustitución, las mutaciones de pequeñas inserciones y duplicación de genes se presentan con una frecuencia de uno en cien millones de nacimientos. De modo que una especie que tenga sólo cien mil individuos le tomará mil generaciones para presentar una de estos tipos de mutaciones. Behe señala que la mayoría de estas mutaciones rompen algo y entorpecen el funcionamiento del organismo, sólo unas pocas aportan beneficios, como es el caso de la anemia falciforme que, aunque una grave en enfermedad, los heterocigotos protegen contra la malaria. (8:68-69, 110) En el próximo capítulo volveremos a este tema.

**Causas de las mutaciones**

Las causas de las mutaciones no se conocen adecuadamente, pero aumentan con el calor, la radiación y la exposición a sustancias químicas. La mayoría de las mutaciones puntuales son neutras o dañinas (11); para el darwinismo, el gran número de mutaciones neutras explica los periodos de estagnación que se observan a menudo en la evolución.

Muchos biólogos contemporáneos dudan que las mutaciones sean capaces de proveer estructuras funcionales ventajosas para ser incorporadas por la selección natural y herencia en el proceso evolutivo. Los esfuerzos por generar mutaciones puntuales en la mosca de la fruta – Drosofila – sólo han producido monstruosidades, distorsiones de los elementos potenciales contenidos en los genes, ninguna estructura nueva. Por lo demás, se duda que un proceso singular producido por una mutación fortuita, pueda ser incorporado en totalidades orgánicas funcionales, y menos aún, generarlas.

Estas estructuras funcionales orgánicas, y la totalidad organizada del ser vivo, son tan enormemente complejas e interdependientes que las probabilidades que surjan por mutaciones simples agregadas resulta prácticamente inconcebible. Para que pudiera surgir una pequeña estructura funcional mueva se requeriría la concurrencia de varios genes mutando fortuita y ventajosamente, en coordinación e integración con el resto de los sistemas funcional es del organismo, lo que agrega más complejidad e insuperable dificultades para el proceso ciego y mecánico darwiniano. Como vimos en un capítulo anterior, los biólogos evolucionistas han tratado de explicar el surgimiento de estas estructuras funcionales orgánicas complejas mediante el proceso de co-opción y con la teoría del evo-devo, pero sin resultados satisfactorios. En el próximo artículo revisaremos con más detalles las posibilidades concretas de las mutaciones en la elaboración de nuevas estructuras orgánicas funcionales.

**Expectación de las mutaciones.**

Las mutaciones juegan un papel primordial en la teoría de la evolución darwiniana, proveen el material nuevo que modelará la selección natural para generar las nuevas especies que van surgiendo unas de otras. Como es natural, nadie ha sido testigo del proceso evolutivo que ha ocurrido en la naturaleza en tiempo geológico; se trata de un acontecimiento único e irrepetible. Por tanto, no es posible tampoco decidir científicamente (ratificación empírica) acerca de la validez de los mecanismos causales de la evolución propuestos por el darwinismo, particularmente las mutaciones al azar que aportarían, según la teoría darwiniana, las nuevas estructuras orgánicas de la evolución progresiva.

Los avances recientes de la biología molecular y las técnicas de laboratorio de la microbiología, permiten efectuar observaciones controladas para estudiar la efectividad de las mutaciones en organismos microscópicos. Muchas bacterias y virus mutan con mucha más frecuencia que los organismos pluricelulares y superiores, y se reproducen tan rápidamente (incluso las moléculas del ARN) que hace posible observar miles de generaciones, y miles y millones de organismos en un número manejable de años.

Así por ejemplo, Schuster (12:43-48) en un artículo de revisión del estado actual de la teoría de la evolución darwiniana, cita los estudios de Richard Lenski de la Universidad de Michigan con Escherichia coli; Lenski estudió aproximadamente treinta mil generaciones de este organismo, concluyendo que la adaptación de estas bacterias a las condiciones experimentales se produce en pasos graduales, y que evolucionan formando diversos grupos que se parecen más entre sí que al resto de la población; tendencia que se asemejaría a la formación de las ramas del árbol de la vida. Schuster cita también a James Bull de la Universidad de Texas, Austin, que observó aproximadamente trece mil generaciones de virus fagos (fX174) que atacan a la Escherichia coli, manipulando su información genética para su provecho, y mostró que los virus en un cultivo de 180 días junto con la Escherichia coli, se van ajustando mutuamente a los cambios que van presentando; esto es, coevolucionan. En la coevolución, la evolución de una especie, causa adaptaciones en otra, y a su vez este cambio induce cambios en la primera especie.

Con respecto al ARN, Schuster cita los estudios realizados con moléculas aisladas de ARN del virus ARN-fago Q; estas moléculas se colocaron en un medio propicio para la reproducción del virus conteniendo todos los elementos necesarios para su síntesis, incluyendo una enzima que cataliza la replicación.

Después de un tiempo, cuando todo el material del medio había sido consumido, se tomó una muestra y se colocó en un medio renovado con todos los elementos necesarios; este 'método de transferencia serial' se realizó 100 veces con las moléculas de ARN. Con este experimento se lograron moléculas de ARN que se replican más rápidamente que las moléculas usadas inicialmente; en otras palabras, durante el proceso de repetidas replicaciones, la selección natural escogió las moléculas de replicación más veloz que reemplazaron a las más lentas. Incluso, se han aplicado técnicas usadas en la selección artificial (eligiendo rasgos escogidos por el hombre) para aislar y cultivar las moléculas de ARN con las características seleccionadas.

Pero estos ejemplos citados por Schuster, muestran cambios que ocurren en las especies respectivas que van ajustándose a las condiciones del medio, coevolucionando cuando se genera interacción entre ellas. En estos ejemplos se muestra la acción de las mutaciones con ciertos cambios, y el poder de la selección natural; pero no se observa la generación de nuevas estructuras funcionales que son base para la macroevolución, para la especiación: meta de la teoría de la evolución darwiniana. Las investigaciones con la replicación del ARN mencionadas, no agregan nada en favor de la macroevolución que es el problema que enfrenta el darwinismo, y que necesita ser probado objetivamente.

En el próximo trabajo revisaremos el estudio crítico de Michael Behe con respecto a las posibilidades concretas de las mutaciones en los microorganismos, bajo condiciones controladas de laboratorio.

**Bibliografía:**

1.Sloan Phillip. (2005). Evolution. Stanford Encyclopedia of Philosophy. http://plato.sanford.edu/entries/evolution/

2. Darwin, Charles (1859). On the Origin of Species. Reprinted Cambridge, Mass.: Harvard University Press. 1964

3. Lennox, James (2004). Darwinism. Stanford Encyclopedia of Philosophy. http://plato.stanford.edu/entries/darwinism/

4. Darwin, Charles (1859). On the Origin of Species, London: John Murray.

5. Sloan Phillip. (2005). Evolution. Stanford Encyclopedia of Philosophy. http://plato.sanford.edu/entries/evolution/

6. Darwin, Charles (1872). The Origin of Species By Means of Natural Selection, 6th ed. In. The Origin of Species and the Descent of Man. New York, 1934: Modern Library.

7. Jenkin, H Fleeming (1867). "The Origin of Species," in Hull, D. (ed.) 1973, Darwin and His Critics: The Reception of Darwin's Theory of Evolution By the Scientific Community, Chicago: University of Chicago Press.

8. Behe, Michael J (2007). The Edge of Evolution. Free Press. New York London Toronto Sydney.

9. Dembski, Williams A & Wells, Jonathan (2008). the Design of Life. The Foundation for Thought and Ethics. Dallas 75248

10. Maresca B & Schwartz JU (2006). Sudden origin: A general mechanism of evolution based on stress protein concentration and rapid environmental change. Anatomical record (Part B: New Anatomist) 289B: 38-48.

11. Kimura, M (1985). Neutral Theory of Molecular Evolution. Cambridge: Cambridge University Press.

12. Schuster, Peter (2007). Evolution and Design: A Review of the State of the Art in Theory of Evolution. En: Creation and Evolution. Ignatius Press, San Francisco.

Nota: Las traducciones del inglés han sido hechas por el autor.

Capítulo X

# MUTACIONES

**Mutaciones defensivas.**

Behe utiliza la situación de la malaria para ilustrar las mutaciones y sus posibilidades. La malaria es una enfermedad causada por el Plasmodium falciparum (la variedad más virulenta de malaria), transmitida por la picadura del mosquito en zonas geográficas tropicales en donde esta bacteria puede desarrollarse. Una vez en el torrente sanguíneo del ser humano, se dirige al hígado donde permanece un tiempo para reorganizarse. Luego se introduce nuevamente en la sangre adosándose firmemente a los glóbulos rojos, los penetra, se protege con una capa protectora, se reproduce y se alimenta de la hemoglobina, para luego volver a la sangre y continuar el mismo proceso, destruyendo progresivamente los glóbulos rojos del enfermo, con todas las consecuencias clínicas del caso. La malaria retorna al mosquito cuando éste sacia su hambre en la sangre de la víctima. (1:17-18)

La malaria es una enfermedad grave que mata grandes cantidades de niños en las zonas infectadas. La malaria es difícil de erradicar y de tratar, particularmente por la facilidad con que desarrolla resistencia a los antibióticos. La malaria acompaña al hombre por numerosas centurias, y la interacción genética entre ambos, se puede estudiar en la secuencia del ADN. Esta interacción entre el hombre y el parásito, ha sido un repetido ciclo de desarrollo de defensas en uno, y nuevos ataques del otro.

La anemia falciforme es una enfermedad genética causada por una mutación puntual, sólo un nucleótido del DNA no se copia correctamente, generándose el gen de la enfermedad; pero no se trata de una sustitución arbitraria, sino que tiene que ocurrir en el lugar preciso para causar la alteración de la molécula de hemoglobina. La probabilidad que esta mutación ocurra precisamente, es de una en cien millones. (1:110) Este gen altera la construcción de la molécula de hemoglobina en los glóbulos rojos (eritrocitos), con la simple sustitución de un sólo amino ácido en una de las cadenas beta (la hemoglobina está constituida por dos cadenas alfas y dos cadenas betas). Esta simple alteración estructural de la molécula de hemoglobina provoca una aglutinación de sus cadenas, formando una masa gelatinosa al descargar el oxígeno en la periferia del cuerpo. El glóbulo rojo pierde elasticidad con serias consecuencias clínicas. Si una persona sólo tiene una copia del gen (heterocigoto) padece de una versión atenuada, no mortal de la enfermedad; si tiene las dos copias (homocigoto), la enfermedad se presenta con toda intensidad, incapacidad y frecuente muerte prematura. La posesión de una (o de las dos copias del gen) de la anemia falciforme, confiere al enfermo protección contra la malaria (naturalmente en el homocigoto de la anemia falciforme de poco vale esta protección). El proceso de protección como lo describe Behe (1:21-26), ocurre en el interior del eritrocito en donde se instala el plasmodium de la malaria; los portadores del gen (heterocigotos) de la anemia, poseen sólo la mitad de la hemoglobina anormal, de modo que al entregar el oxígeno en la periferia corporal no se aglutina como en los homocigotos, pero la presencia de la bacteria altera el grado de acidez en el interior del glóbulo rojo, lo que desencadena la aglutinación de la hemoglobina. Esta aglutinación, presiona al plasmodium contra la membrana celular del eritrocito, deformándola; de modo que al pasar la sangre por el bazo, órgano de limpieza de la sangre, elimina al glóbulo deformado, desapareciendo el plasmodium.

Los enfermos de malaria, y los pacientes con anemia falciforme, sufren de enfermedades graves, con invalidez y muerte prematura, de modo que la selección natural los elimina. Pero, los portadores (heterocigotos) del gen de la anemia, sufren sólo de una enfermedad leve y sobreviven, la selección natural los favorece al protegerlos de infección de malaria; por esta razón la anemia falciforme es prevalente en los descendientes de africanos, primariamente expuestos a la presión ambiental de la malaria. Este es un excelente ejemplo en donde los mecanismos darwinianos se muestran en acción: las mutaciones fortuitas (muy poco frecuentes que provocan la anemia falciforme) y la acción de la selección natural. Behe menciona otras mutaciones que confieren alivio contra los problemas causados por la anemia falciforme, como la persistencia de la hemoglobina fetal (de gran afinidad por el oxígeno) que ha aumentado su frecuencia en África, en las zonas infectadas por malaria; y el gen C-Harlem de Nueva York, que es una segunda mutación del gen de la anemia falciforme que causa un cambio extra de un aminoácido en la cadena beta que altera la anemia, y alivia su patología; pero claro, necesitándose dos mutaciones sucesivas, el proceso toma mucho más tiempo en ocurrir fortuitamente; la posibilidad ocurrencia de una segunda mutación es el producto de la probabilidad de la primera por la probabilidad de la segunda. Esta mutación no se ha esparcido al continente africano, apareció en una familia neoyorkina, en un área del mundo en donde no hay malaria, y puede perderse por puro azar -- como le puede ocurrir a cualquier mutación beneficiosa-- , al barajarse los genes en la reproducción, antes de asentarse en la población general. (1:111-112)

Otra mutación que protege contra la malaria citada por Behe (1:30-33), es la Hemoglobina C (Hb C) (diferente de la neoyorkina citada anteriormente); esta mutación altera, como la anemia falciforme, la cadena beta de la molécula de hemoglobina, en la misma posición, pero con un aminoácido de carga eléctrica diferente. Los individuos con las dos copias del gen Hb C tienen protección contra la malaria, pero, contrariamente a los homocigotos de la anemia falciforme, sólo padecen de una enfermedad menor; desgraciadamente los heterocigotos –una sola copia del gen de la Hb C--, no tienen protección contra la infección del plasmodium. Por estas características la distribución de esta mutación en la población es diferente y más lenta que la de la anemia falciforme.

Ambas mutaciones desencadenadas por la presión ambiental de la malaria: la anemia falciforme y la Hemoglobina C, aparecen gracias a la selección natural en las áreas infectadas; protegen del plasmodium. Y no son éstas las únicas mutaciones que aparecen y son cernidas por la selección natural frente a la malaria, otras afectan, no a la hemoglobina, sino a encimas y proteínas del glóbulo rojo generando síntomas, pero ofrecen cierta protección contra la malaria. Todas estas mutaciones fortuitas permitidas por la selección natural en presencia de la malaria, muestran con esplendor la dinámica de los mecanismos evolutivos darwinianos; pero, Behe (1:34) señala que estas mutaciones no suceden en el sistema inmunitario, encargado de la defensa del organismo, sino en la hemoglobina (u otros elementos del eritrocito); no construyen ningún sistema bioquímico nuevo, ni contribuyen a mejorar el sistema defensivo del organismo, más bien alteran el funcionamiento normal del cuerpo humano, causando anemia y otros síntomas. La protección de la malaria tiene un precio, una enfermedad agregada que es menor mal que la malaria y, por tanto, sancionada positivamente por la selección natural. En una población normal, no expuesta al parásito, estas mutaciones serían borradas por la selección natural.

**Desarrollo de resistencia a las drogas.**

El Plasmodium falciparum es increíblemente más numeroso que los seres humanos y se reproduce con gran velocidad, por lo que no es de extrañar que el parásito tenga muchas oportunidades para presentar mutaciones que lo beneficien. Estos beneficios se muestran particularmente en su lucha contra las drogas antimalaria.

La cloroquina es un producto sintético, de bajo costo, de pocos efectos secundarios, similar a la quinina que hasta hace poco tiempo se consideraba el tratamiento estándar de la malaria, y se pensaba iba a erradicar esta terrible enfermedad. La cloroquina penetra en el interior de la vacuola digestiva del plamodium, y bloquea la eliminación de la fracción 'hemo', que otorga el color rojo a glóbulo rojo; el parásito se alimenta de la hemoglobina, pero el hemo le es tóxico y debe eliminarlo. Es precisamente a este nivel donde trabaja la cloroquina, perturbando la eliminación del tóxico con fatales consecuencias para la bacteria.

Una de las mutaciones del plasmodium produce un cambio en la bomba excretora de la membrana de la vacuola digestiva del parásito. Esta bomba está constituida por 424 aminoácidos, la mutación genética produce alteraciones en cuatro a ocho posiciones de los aminoácidos en la estructura de la bomba, dos de las cuales son muy frecuentes y se piensa que son las responsables de los cambios funcionales de la bomba. Las otras sustituciones, parecen 'compensar' los efectos secundarios de las dos mutaciones primarias (simultáneas); estas mutaciones se dan en dos patrones, uno que se encuentra en los parásitos de América del Sur y otro en los parásitos de Asia (probablemente extendido al África), lo que parece indicar que han ocurrido dos mutaciones. Estas alteraciones en la estructura proteica de la bomba provocan una disminución de la concentración de cloroquina en la vacuola digestiva con lo que el parásito puede sobrevivir. (1:44-51)

La pérdida de la efectividad de la cloroquina ha ocurrido en unas decenas de años; las nuevas drogas elaboradas para combatir a la malaria sucumben rápidamente a las mutaciones del plasmodium, y parecen sucederse más velozmente después de ocurrir la primera mutación que les otorga resistencia a los medicamentos. Sin embargo, a pesar de estar presente la anemia falciforme por miles de años, el plasmodium no ha sido capaz de tener una mutación que neutralice los efectos deletéreos de la anemia. (1:51)

Las probabilidades que suceda una sola mutación en el plasmodium que le conceda protección (una sustitución de amino ácido alterada en la bomba) contra una droga antimalaria, como la atovaquona, es alrededor de uno en 10 12. Para desarrollar resistencia a la cloroquina el parásito necesita dos mutaciones simultáneas, con lo que la probabilidad de ocurrencia baja considerablemente a uno en 1020. Esta probabilidad de mutación doble simultánea es muy baja, pero como la cantidad de parásitos existentes es de tal magnitud, ya que un paciente infectado tiene 1012 microorganismos, y el número de infectados por año es de 109, estas probabilidades tan escasas, pueden realizarse. (1: 57-59)

La situación es diferente en los seres macroscópicos con una reproductividad más baja y un número mucho menor de individuos que los microorganismos como la malaria. Behe calcula en forma muy conservadora, que el número de hominoides en la línea de descendencia desde la separación de los chimpancés, diez millones de años atrás, alcanza a unos 1012 individuos, un número menor al que se calcula para la probabilidad de la malaria para realizar una doble mutación que le otorgue resistencia a la cloroquina (uno en 1020). Basado en estos cálculos Behe concluye: "Ninguna mutación que sea de la misma complejidad que la resistencia a la cloroquina en la malaria, se generó por evolución darwiniana en los últimos diez millones de años". (1:61) Igualmente, las cifras para todos los mamíferos son totalmente desalentadoras para ocurrencia de mutaciones dobles.

Behe aclara que las mutaciones que ocurren en la malaria para generar resistencia a la cloroquina son considerablemente específicas y eficientes; en el lugar preciso. El plasmodium de hecho ha sufrido innumerables mutaciones en todos sus elementos proteicos, pero ninguna es capaz de generar la resistencia mencionada. La especificidad también se muestra en las mutaciones del mosquito frente al insecticida DDT, y en las ratas ante el raticida warfarina (1:61,76-77) De modo que en organismos más complejos, con innumerables posibilidades de mutaciones (mayor número de cromosomas), se puede esperar que sólo algunas mutaciones particulares sean capaces de generar cambios específicos con resultados beneficiosos; y las probabilidades que ocurran, como hemos visto, son muy bajas.

Whitman y cols. (2;95:6578-83) de la Universidad de Georgia calcularon en 1030 el número de células bacterianas producidas en un año en la tierra; las bacterias son el tipo de organismo más numeroso en el planeta. Behe, especula asumiendo que, si ese número de microorganismos producidos anualmente haya sido el mismo desde el comienzo del universo, se habrían producido un poco menos de 1040 bacterias durante toda la existencia de nuestro universo. Esta cifra corresponde a las probabilidades de cuatro mutaciones simultáneas para lograr un efecto específico (la probabilidad de la doble mutación [cloroquina] es 1020, para cuatro mutaciones simultáneas es entonces de 1040). Para Behe, la doble mutación simultánea es el límite de lo que se puede esperar de la evolución darwiniana en la tierra, y las cuatro mutaciones simultáneas, el límite de lo que se podría esperar de esta evolución en el universo, naturalmente si hubiera vida en otro lugar de la inmensidad cósmica. Estos límites corresponden a los microorganismos que se reproducen velozmente en enormes cantidades; para los seres superiores, incluido el hombre, la doble mutación simultánea está fuera sus posibilidades. (1:62-63, 112) De modo que la evolución darwiniana no puede explicar las mutaciones dobles (simultáneas) – o más complejas-, necesarias en la construcción de sistemas orgánicos complejos en los seres macroscópicos, como, por ejemplo, el sistema inmunitario. (1:134-135)

Para Behe, la batalla del ser humano con la malaria no ha causado la aparición de ninguna nueva estructura con interacción proteica, ni en el plasmodium, ni en el hombre; y los cambios observados en la bacteria desaparecen una vez que cesa la exposición a las drogas. (1:136-137)

### Situación del virus del SIDA y de la Escherichia coli.

El virus del sida se multiplica a una velocidad mil veces más alta que la multiplicación de las células, y tiene una tasa de mutaciones muy alta; cada nueva copia del virus tiene el término medio de una mutación. Esta situación del virus SIDA lo convierte en un excelente terreno para estudiar el proceso evolucionario. (1:137-140)

Se calcula que una persona infestada con SIDA tiene alrededor de 109 a 1010 virus en el organismo, y como el tiempo de replicación de este microorganismo es uno a dos días, en diez años el número de virus sube a 1013. Habiendo cincuenta millones de personas infectadas en el mundo, se calcula que en las últimas décadas se han producido 1020 copias del virus. Si a ésto agregamos la alta tasa de mutaciones del virus (diez mil veces más que la malaria), tenemos una cantidad enorme de mutaciones de todo tipo en estos microorganismos. Esto se refleja en el genoma del virus que ha cambiado, pero, sin embargo, no ha ocurrido ninguna estructura proteica interactiva nueva, y la asombrosa resistencia a las drogas que presenta, ocurre del mismo modo que en la malaria, mutaciones simples que disminuyen la adhesión del medicamento al virus. En los seres humanos tampoco se han observado mutaciones que generen maquinarias proteicas nuevas, sino que al igual que en la malaria, sólo genes alterados cuyos efectos ayudan en la defensa del organismo, pero con un costo (anemia falciforme).

La Escherichia coli es una bacteria intestinal con gran reproductividad y fácil de cultivar. Richard Lenski comenzó en 1990 un cultivo de bacterias en un medio estable; cada día transfería una porción de bacterias a un matraz fresco, para continuar la reproducción sin interrupción. De esta manera se han logrado cerca de treinta mil generaciones de Escherichia coli, equivalente a un millón de años de historia humana; en el curso de la investigación se han generado aproximadamente 1013 bacterias, menos que el plasmodium en un medio natural. Estas investigaciones en el laboratorio de Lenskiz, no muestran resultados fundamentalmente nuevos, no se generan maquinarias bioquímicas nuevas; algunas mutaciones rompieron genes y desconectaron otros, pero nada significativamente constructivo ni nuevo. (1:141-142)

**Mutaciones graduales y selección natural.**

Las mutaciones dobles simultáneas para lograr un efecto beneficioso ocurren con poca frecuencia, sin embargo es posible que ocurran mutaciones simples sucesivas con efectos acumulativos beneficiosos como lo propone el darwinismo. Behe menciona en este sentido, el caso de la proteína contra la congelación del pez notothenioids del Océano Antártico; esta proteína permite al pez vivir en aguas con temperaturas bajo el punto de congelación (el agua salada del mar no se congela fácilmente). La proteína anticongelación impide el crecimiento de las semillas o núcleos iniciales de congelación en los líquidos orgánicos del pez, impidiendo su congelación; esta proteína se codifica por un gen con características similares a una encima digestiva del animal, por lo que se ha propuesto que la mutación comenzó con una duplicación del gen que codifica la encima digestiva, luego se repitió el proceso con otra duplicación del gene y copias sucesivas de unas cadenas de aminoácidos, y por último, los partes inservibles del nuevo gen se eliminan. Behe considera que los paso propuestos y las mutaciones envueltas son perfectamente posibles, ya que estas mutaciones ocurren con frecuencia en la naturaleza; este constituiría un proceso gradual con beneficios progresivos en anticongelación, sancionados positivamente por la selección natural; incluso, se encontró posteriormente en el este mismo pez, la presencia de un híbrido, un gen con la secuencia necesaria para codificar la encima digestiva, y la secuencia para codificar la proteína anticongelación; una casi confirmación de la evolución darwiniana en marcha.

Pero Behe señala que este ejemplo del pez antártico muestra las limitaciones de la evolución darwiniana: mutaciones fortuitas ventajosas y selección natural. La proteína anticongelación es codificada por varios genes de distinta longitud que codifican cadenas de aminoácidos de distinto largo que se agregan para formar una proteína suelta, sin doblarse estructuralmente, en nada parecido a las proteínas orgánicas como la hemoglobina; además, esta proteína no interactúa con otras proteínas. Es una estructura proteica que funciona más bien 'mecánicamente', no es una estructura funcional orgánica integrada. (1:77-83)

**Mutaciones biológicamente razonables.**

Behe elabora y aplica a la teoría evolucionaria el concepto 'biológicamente razonable' usado por Coyne & Orr (3:136) para una teoría biológica; una teoría puede ser teóricamente posible, pero biológicamente no razonable. El criterio que propone Behe para juzgar si las mutaciones y la selección natural son biológicamente razonables para explicar el origen de un sistema orgánico, envuelve dos aspectos:

(a) Pasos, entre más pasos intermediarios sean necesarios para lograr el beneficio biológico, menos probable es la explicación darwiniana. La probabilidad de ocurrencia de pasos depende del tamaño de la población del organismo que está mutando; entre mayor sea el número de individuos, mayor será la posibilidad que ocurran más pasos, pero hay un límite infranqueable, ya que las probabilidades de mutaciones sucesivas (pasos) se van multiplicando con lo que las probabilidades bajan a cifras minúsculas inalcanzables en el tiempo de existencia de la tierra y del universo. La situación se agrava exponencialmente cuando los pasos necesarios requieren mutaciones simultáneas; imposibles para los organismos superiores.

(b) Coherencia, necesaria para la realización de un plan con una meta, es improbable que ocurra en los procesos darwinianos al azar. La evolución progresa por procedimientos estocásticos, y sin meta. Resulta relativamente fácil visualizar una ruta de pasos pequeños y graduales desde una estructura biológica dada para explicar su origen; pero la evolución no funciona de ese modo, cada paso es ciego y abre a otros pasos ciegos o simplemente no hay más posibilidades que pasos sin destino. La ruta evolutiva imaginada se torna un intrincado laberinto, cuando se mira el proceso desde el comienzo mismo a la estructura que se quiere explicar. Por eso Behe concluye: "Aún, si hay una ruta a una meta distante, no es "biológicamente razonable" esperar que las mutaciones fortuitas y la selección natural naveguen un laberinto para llegar a él." (1:113)

Además, cada paso, cada mutación que se ha observado y estudiado, aunque aporte un beneficio, significa una alteración, mayor o menor, para el organismo. Sobre estas mutaciones no se puede seguir construyendo estructuras nuevas funcionales que muevan el progreso evolutivo; esta situación carece de toda coherencia para construir la complejidad biológica. Behe escribe: "Si el darwinismo es chapucero ["tinkerer"], entonces no se puede esperar que produzca rasgos coherentes donde un número de partes separadas actúen juntas con un propósito claro, involucrando más de varios componentes." (1:119)

**Límites de la evolución darwiniana.**

Para que ocurra la evolución darwiniana gradual se necesita tiempo, pero el tiempo no es el único factor que importa en la evolución; el número de individuos es también fundamental. Como la tasa de mutaciones es bastante similar en muchos organismos, el periodo de espera para que ocurra una mutación beneficiosa, depende del tamaño de la población expuesta; entre más populosa, más rápida es la posibilidad de la ocurrencia de una mutación. Behe señala que el número de microorganismos –virus del SIDA y Plasmodium falciparum--, en los últimos cincuenta años es probablemente mayor que el número de mamíferos que han vivido en la tierra en cientos de miles de años. Si en estos microorganismos no ha ocurrido en este corto pero significativo periodo evolucionario, --dice Behe--, ninguna mutación que genere nuevas proteínas interactuando, entonces no hay razón para esperar que ocurran en los mamíferos en un periodo de tiempo más largo, pero con menos individuos. Debe tenerse presente, que el código genético, con unas pocas excepciones, es el mismo para millones de especies, los aminoácidos son los mismos para todo material biológico, las maquinarias intracelulares son las mismas, etc.; de modo que, estos microorganismos no son esencialmente diferentes que el resto de los seres vivientes en su composición y funcionamiento bioquímico, por lo que no constituyen una excepción en el mundo orgánico y pueden legítimamente ejemplificar para todo el reino animal. (1:153, 155-156)

Esta extrapolación de lo que se observa en la actualidad en los microorganismos considerados, a lo que pudiera haber ocurrido en el pasado, es para Behe, perfectamente aceptable, ya que este es el procedimiento habitual de las ciencias, se proyectan las conclusiones y leyes de la naturaleza observadas en el presente, al comienzo de la evolución del universo. Behe confía que estas observaciones empíricas, con tan inmenso número de microorganismos, son una indicación firme de lo que se puede esperar en la evolución de los seres superiores. El autor está consciente que existe la posibilidad lejana que en algún lugar perdido entre los bosques o en el fondo del mar, se encuentre un organismo que muestre cambios evolucionarios constructivos de nuevas estructuras funcionales, pero dice: "Una persona racional no da crédito a una afirmación basada en la mera posibilidad -- una persona racional exige razones positivas para creer en algo. Hasta que un organismo sea encontrado y se demuestre que es más apto que el parásito de la malaria en construir una maquinaria molecular coherente, mediante mutaciones fortuitas y selección natural, no hay razón positiva [para pensar] que pueda ser hecho." (1:155)

Los estudios de Behe no rechazan la generación de ciertas estructuras orgánicas menores por mecanismos darwinianos: mutaciones fortuitas y selección natural; pero el autor señala los límites de estas posibilidades basado en los microorganismos estudiados. Behe escribe: "...las mutaciones fortuitas y la selección natural pueden dar cuenta de muchos cambios relativamente menores en la vida –no sólo cambios invisibles en las vías metabólicas como la resistencia a los antibióticos en ratas o malaria, sino que también cambios en la apariencia de animales. La diferencia de tamaños y formas de perros, el patrón de coloración de las alas de los insectos, y más, puede muy probablemente ser atribuido a procesos darwinianos afectando genes interruptores [encargados del control del desarrollo de los organismos]". (1:201)

## Conclusión

El análisis de Behe no presenta esencialmente argumentos nuevos frente a la proposición darwiniana. Como hemos vistos en capítulos anteriores, diversos autores han apuntado a la improbabilidad de la ocurrencia de mutaciones fortuitas capaces de generar especiación, en consideración a la complejidad estructural y funcional que involucra la evolución de las especies. Behe concretiza estos argumentos con el estudio objetivo de microorganismos. Estos seres, a pesar de tener una alta tasa de reproducción y de mutaciones, no presentan más allá de mutaciones dobles simultáneas, que son consideradas necesarias para la construcción de material biológico complejo. Las mutaciones simples sucesivas, con ciertas ventajas para los organismos, no son conducentes a la formación de estructuras funcionales complejas, ya que implican numerosos pasos coordinados de gran dificultad para un proceso regido por el azar. Además, Behe señala que las mutaciones, aunque aporten alguna ventaja al organismo, significan una perturbación del sistema biológico dado, una debilidad sobre la cual no se puede construir un sistema nuevo, y de hecho, no se construye, a juzgar por las experiencias con microorganismos.

El análisis de Behe rompe con la usual polaridad con que se presenta la controversia acerca de la teoría de la evolución darwiniana. Ya no se trata de una teoría completamente validada o totalmente inaceptable, sino que la teoría tiene vigencia en ciertas áreas limitadas de la génesis de los sistemas biológicos; esta tesis puede dar cuenta de algunos aspectos evolutivos, pero no hay evidencia que justifique la pretensión que puede explicar el origen de las especies, y menos aún, del fenómeno humano.

**Bibliografía:**

1. Behe, Michael J (2007). The Edge of Evolution. Free Press. New York London Toronto Sydney.

2. Whitman, W. B., Coleman, D. C., Wiebe, W. J. (1998). Prokaryotes: the unseen majority. Proc. Natl. Acad. Sci. USA.

3. Coyne, J. A., and Orr, H. A. (2004).Speciation. Sunderland, Mass.: Sinauer Associates.

Nota: Las traducciones del inglés han sido hechas por el autor.

Capítulo XI

## COMENTARIO FINAL

La teoría de la evolución fue creada por Darwin para explicar el desarrollo de los seres orgánicos y el origen de las especies, y naturalmente del mismo modo continúan haciéndolo sus adherentes en la actualidad. Esta teoría se convirtió en el paradigma desde el que se estudia y se explica el desarrollo de los seres vivos, un paradigma tan vigoroso que se presenta como un hecho firmemente confirmado y establecido por la ciencia. La dinámica de sus principios ha sobrepasado lo estrictamente biológico para influir en actividades tan diferentes como la economía, la psicología y hasta la filosofía.

En capítulos anteriores hemos visto como los intentos de aplicar la teoría de la evolución darwiniana a distintos aspectos del comportamiento humano encuentran serias dificultades. Vimos también, como la teoría omite incluir elementos básicos – imprescindibles--, y obvios en su construcción, me refiero a que fue generada por Darwin, y sus adherentes la mantienen y exploran, con actos voluntarios, libres y dirigidos; sin embargo, la teoría propone una tesis que intenta dar cuenta del desarrollo evolutivo de los seres vivos en su totalidad, y por ende del comportamiento del ser humano, en base a principios que son regidos por la mera combinación del azar y de las leyes naturales. No es de extrañar entonces, que la teoría de la evolución presente resultados insatisfactorios en el campo de la cultura y del comportamiento del ser humano.

Desde hace unos pocos decenios el paradigma darwiniano que parecía invulnerable y fuera de crítica, ha comenzado a ser seriamente revisado y cuestionado, haciéndose cada día más evidente la falta de evidencia empírica que apoye sus principios fundamentales. El corazón mismo del cual surgen las posibilidades de adaptación y la generación de la evolución, esto es, las mutaciones fortuitas generadoras de nuevas estructuras funcionales, se hicieron primero teóricamente cuestionables e inverosímiles, y posteriormente todos los esfuerzos de investigación desplegados han fallado en encontrar una confirmación empírica satisfactoria. Como hemos visto anteriormente, esto no significa que los mecanismos darwinianos no tengan un rol explicativo en algunos aspectos evolutivos de las formas orgánicas, pero repitiendo una vez más, no hay evidencia empírica que demuestre que las mutaciones fortuitas aporten estructuras orgánicas funcionales nuevas generadoras de nuevas especies, de macroevolución.

El carácter estocástico de la teoría de la evolución darwiniana, y el supuesto básico que las variaciones (mutaciones) son capaces de generar los cambios necesarios para la evolución, la muestran como una estructura conceptual especulativa de insondables recursos teóricos (especulativos), y la convierten, en consecuencia, en prácticamente irrefutable. Sin embargo, la aplicación del cálculo de posibilidades para sus posibles explicaciones y la falta de corroboración experimental de sus afirmaciones fundamentales, particularmente el supuesto de las mutaciones capaces de generar nuevas estructuras orgánicas funcionales, la debilitan cada vez más para dejarla con una validez parcial en parcelas de la realidad biológica. Son numerosos los biólogos y teóricos que no aceptan esta teoría como capaz de explicar la evolución de las especies.

El avance de las investigaciones de la biología molecular y de la genética apuntan a influencias externas a los genes –epigenéticas--, que modelan y permiten la acción genética, y aún más, se sospecha que haya mecanismos de herencia no ligados a los cromosomas. Con estos hallazgos se descentraliza el poder hegemónico de los genes en el desarrollo de las variaciones necesarias para la acción de la selección natural, y plantea la necesidad de una revisión de la teoría darwiniana (neodarwiniana). Incluso, ya se habla abiertamente que la fuente de variaciones generadoras de evolución sea un producto interno del organismo, independiente del papel modelador de la selección natural, y resultado de procesos diferentes a las mutaciones fortuitas propuestas por el darwinismo. En este sentido cabe mencionar la teoría de la autoorganización de la materia que postula la propiedad intrínseca de la materia de auto organizarse, y la teoría del diseño inteligente que postula la intervención de una acción inteligente en la organización de la complejidad biológica. No es el propósito de este trabajo explorar los fundamentos, ni la validez de estos nuevos acercamientos teóricos de la biología, sino que sólo señalar la situación problemática que enfrenta la teoría de la evolución darwiniana.

No es necesario recalcar que los adherentes al darwinismo -- hasta ahora el paradigma predominante--, están reaccionado vivamente frente a estos cambios. Las reacciones varían de tono, los más medidos se reducen a desdeñar irónicamente las nuevas teorías como innecesarias y no 'científicas', y al aislamiento y obstaculización académica de los disidentes; los más apasionados recurren a insultos, campañas periodísticas y legales para defender el paradigma darwiniano a nivel de la opinión pública y, especialmente, a nivel de la enseñanza en colegios y universidades. Las controversias alcanzan un nivel de emocionalidad y publicidad pocas veces vista –por no decir nunca- en el campo de las ciencias.

Cierto es que los paradigmas que alimentan y sostienen un acercamiento teórico en un área de estudio no cambian fácilmente; investigadores, profesores e intelectuales que han respirado toda su vida las influencias y perspectivas de un paradigma, tienen dificultad en aceptar acercamientos diferentes a lo que han tomado como verdadero sustento de su actividad científica e intelectual; además, no resulta fácil tener que abandonar una doctrina, fuente establecida de prestigio académico, y de privilegios en la forma de soporte administrativo y ayuda económica para las actividades profesionales. En el caso de la teoría de la evolución estas consideraciones son mayúsculas, al punto que se describe esta situación como el 'negocio' académico, económico y político del darwinismo; los intereses en juego para un número inmenso de profesionales, y no solamente biólogos, son enormes; la sobrevivencia del paradigma es esencial para la propia supervivencia de estos intelectuales.

Pero hay un factor más que los señalados que influye fuertemente en la intensidad de las emociones desplegadas en torno al paradigma darwiniano. La teoría de la evolución darwiniana es una teoría acerca del desarrollo de la vida en la tierra, de la evolución de todos los organismos vivos, desde los virus hasta los mamíferos y el hombre; no es una ciencia meramente descriptiva de lo que ocurre en el mundo fenoménico, sino que ofrece una explicación de cómo este mundo de la vida orgánica, llegó a ser lo que es. Sin duda, su meta es perfectamente lícita, pero debe reconocerse que es particularmente ambiciosa. La concepción de los orígenes del mundo y de la vida, sin duda ha preocupado siempre a la humanidad por ser fundamentales en la comprensión y sentido de la existencia humana, los mitos y las elucubraciones religiosas de todos los pueblos dan muestra de esta preocupación; las religiones monoteístas de nuestra era aportan concepciones más sofisticadas y ricas al problema de los orígenes. Con el advenimiento de la ciencia moderna el tema de los orígenes del mundo y de la vida y de su evolución, han sido abordados mediante teorías científicas con lo que se ha generado una tensión entre las explicaciones emanadas del ámbito de las ciencias, y las concepciones religiosas tradicionales.

El prestigio de la ciencia moderna, nutrido fundamentalmente de la capacidad del conocimiento científico en manejar los fenómenos observables, ha dado un fuerte apoyo a las explicaciones biológicas --presentadas bajo la sombra de la ciencias--, acerca del desarrollo de la vida en el planeta y de la generación de las especies, como lo ha presentado la teoría de la evolución darwiniana. Se trata de una visión desde el punto de vista naturalista, es decir, de explicaciones basadas en lo natural y sus leyes. El quehacer científico utiliza recursos exclusivamente mundanos, de lo inmanente, de lo que está a mano del hombre y de sus posibilidades; lo trascendente, la intervención divina no cuenta, no entra en las ecuaciones de las ciencias. No es de extrañar entonces, que la teoría de la evolución darwiniana haya sido aceptada con gran entusiasmo por aquellos que adhieren a ideologías agnósticas y ateas, la teoría ofrece una explicación 'científica' de un área fundamental que era del predominio de la religión. Y por esta razón, los adherentes al darwinismo se sienten terriblemente amenazados por el posible derrumbamiento de un paradigma que han incorporado como artículo de fe en sus ideologías contrarias a la existencia e intervención de la divinidad en los asuntos del mundo y del hombre. El apasionamiento observado en las controversias acerca de la teoría darwiniana está teñido de implicaciones ideológicas, en rigor ajenas a la ciencia misma.

El tema del origen del universo, de la vida y de su evolución, plantea la importante cuestión de si es posible abordar en forma amplia y satisfactoria el problema del origen del mundo y de la vida con procedimientos cognitivos exclusivamente naturalistas. Pero no es el propósito de esta obra elaborar e intentar responder a esta interrogante; sin embargo me parece relevante un breve análisis, puesto que el caldeado debate acerca de la validez de la evolución darwiniana está asentado plenamente en el centro de esta cuestión.

De partida se debe tener presente que las ciencias proceden con supuestos básicos y metodologías particulares que permiten la adquisición de conocimientos desde la perspectiva que estos supuestos y metodologías permiten. Se trata por tanto de una exploración de una sección del campo fenoménico con el logro de un conocimiento objetivo, pero parcial y limitado, condicionado por los procedimientos cognitivos empleados; además es un saber no seguro ni absoluto, ya que está siempre sujeto a revisión, es un conocimiento inevitablemente susceptible de variaciones en relación a los cambios teóricos que sustentan la armazón cognitiva y operativa de las ciencias.

Las ciencias experimentales que manipulan en forma controlada los fenómenos naturales ofrecen conocimientos positivos más sólidos --aunque acotados--, que aquellas ciencias que no pueden experimentar directamente con los fenómenos estudiados, como son las ciencias del origen del mundo y de la vida, y en particular, en el caso que nos interesa, del origen de las formas orgánicas. En esta situación, las ciencias ofrecen explicaciones (hipótesis / teorías) sustentadas por los fenómenos observables considerados por las teorías de los orígenes como consecuencias del origen y desarrollo propuesto. La predicción de fenómenos posibles de ser observados y desvelados por experimentación dirigida, validan la tesis teórica ofrecida.

La ciencia es una racionalidad más dentro de la actividad cognitiva y axiológica del ser humano, el hombre realiza muchas elaboraciones intelectuales para desenvolverse en el medio natural y social en donde despliega su vida que no pueden ser descritas como ciencias en sentido estricto, aunque puedan ser objeto de investigación científica; así tenemos, la estética, la moral, el derecho, para sólo nombrar algunas. No se puede entonces reducir la racionalidad humana a la racionalidad científica.

Las limitaciones inherentes a las ciencias (perspectivismo y parcelación del conocimiento; problema de justificación de los instrumentos intelectuales usados; supuestos múltiples, tácitos y explícitos, etc.), más marcadas en las ciencias de los orígenes, dejan innumerables aspectos no resueltos en sus hipótesis y teorías. Esta insuficiencia en dar cuenta completa y satisfactoria del problema de los orígenes del universo, de la vida y de su desarrollo, dan paso a otra racionalidad: la religión, con apertura a lo trascendente, a la divinidad; con ello se incorpora la dimensión de la fe. Una religión adecuada y racionalmente apoyada en la divinidad es capaz de apoyar la ciencia, suplementándola y justificando supuestos primarios. Es claro que no todos están dispuestos a abrirse a esta dimensión trascendental, pero con esta negación sólo queda lo inmanente, lo que proporciona la ciencia propia del hombre, un conocimiento inacabado que no logra saciar la necesidad profunda del espíritu humano por entender el mundo en que vive y el sentido de su propia existencia. Ahora, hay individuos que intentan superar este estado incompleto y mutante de los conocimientos científicos, haciendo de los resultados de la ciencia hechos absolutos y decisivos, supuestamente confirmatorios de la inexistencia de Dios; pero este salto a la certeza científica absoluta es un ignorar o desdeñar la construcción del saber científico, es un entrar en una zona de credulidad, de fe en lo que la ciencia no puede dar. Se produce en estos casos una torsión hacia una posición de carácter metafísico, ajena a las posibilidades del conocimiento científico.

La situación de la teoría de la evolución darwiniana es particularmente insatisfactoria, ya que además de las limitaciones propias de las ciencias (especialmente las de los orígenes), no alcanza a satisfacer los requerimientos de una teoría científica coherente y aceptable, ya que no es capaz de explicar concretamente los pasos evolutivos que propone, no logra predecir sucesos futuros, y no consigue corroboración empírica en las investigaciones con microorganismos de alta reproductividad, indicativos de las posibilidades positivas de las mutaciones en la especiación.

El paradigma de la evolución darwiniana está herido, para algunos en estado agónico en cuanto explicativo de especiación, para otros, los adherentes interesados e ideológicos, goza de salud y fortaleza. Pienso que el análisis cuidadoso de la situación nos obliga a aceptar que este paradigma está en crisis, sin que todavía se haya perfilando una nueva visión teórica acerca del origen de las especies con posibilidades de aceptación plena. El campo científico de la ciencia del origen de la vida y de su evolución, está abierto para concepciones renovadoras.

El paradigma darwiniano ha servido de base a numerosas disciplinas, en esta serie de capítulos hemos revisado brevemente la psicología y la psiquiatría evolucionaria. Todas estas disciplinas han adoptado el paradigma evolutivo comúnmente aceptado, esto es, la teoría de la evolución darwiniana, para dar solidez a sus teorías; para injertar la comprensión de las manifestaciones del hombre actual en la progresión evolutiva de la totalidad universal. Este paradigma ha sido presentado como un hecho confirmado e inapelable, incluyendo los mecanismos evolutivos propuestos por el darwinismo. La crisis que afecta a la teoría de la evolución darwiniana, naturalmente afecta también a las disciplinas que han elaborado sus teorías basadas en la dinámica de los principios darwinianos. A medida que se deteriore aún más la firmeza científica de la teoría darwiniana, estas disciplinas se verán privadas del sustento teórico que buscaban, y aparecerán distorsionadas por la influencia de un paradigma equivocado.

www.ingramcontent.com/pod-product-compliance
Lightning Source LLC
Chambersburg PA
CBHW070925210326
41520CB00021B/6805